味の世界史

香辛料から砂糖、うま味調味料まで

玉木俊明

SB新書
671

はじめに　なぜ「味」で世界史をたどるのか

世界の気候区と食文化

もし大陸が現在と違う形状だったら、人類の歴史は、いったいどのように変遷していたでしょうか。

大昔の地球（歴史的な意味ではなく、地質学的な意味。約3億年前から約2億年前にかけて）には、「パンゲア」と呼ばれる一つの大陸しかありませんでした。それがマントル対流の影響でいくつかの大陸に分裂し、それぞれが移動することで、非常に長い時間をかけて現在の姿になりました。

現在、世界の気候区は、熱帯、乾燥帯、温帯、亜寒帯、寒帯に分かれています。このように多様な気候区があるおかげで、世界の植生は多種多様になったのです。

もし、すべての大陸が赤道付近に集中していたなら、世界の気候はほとんど同じであり、

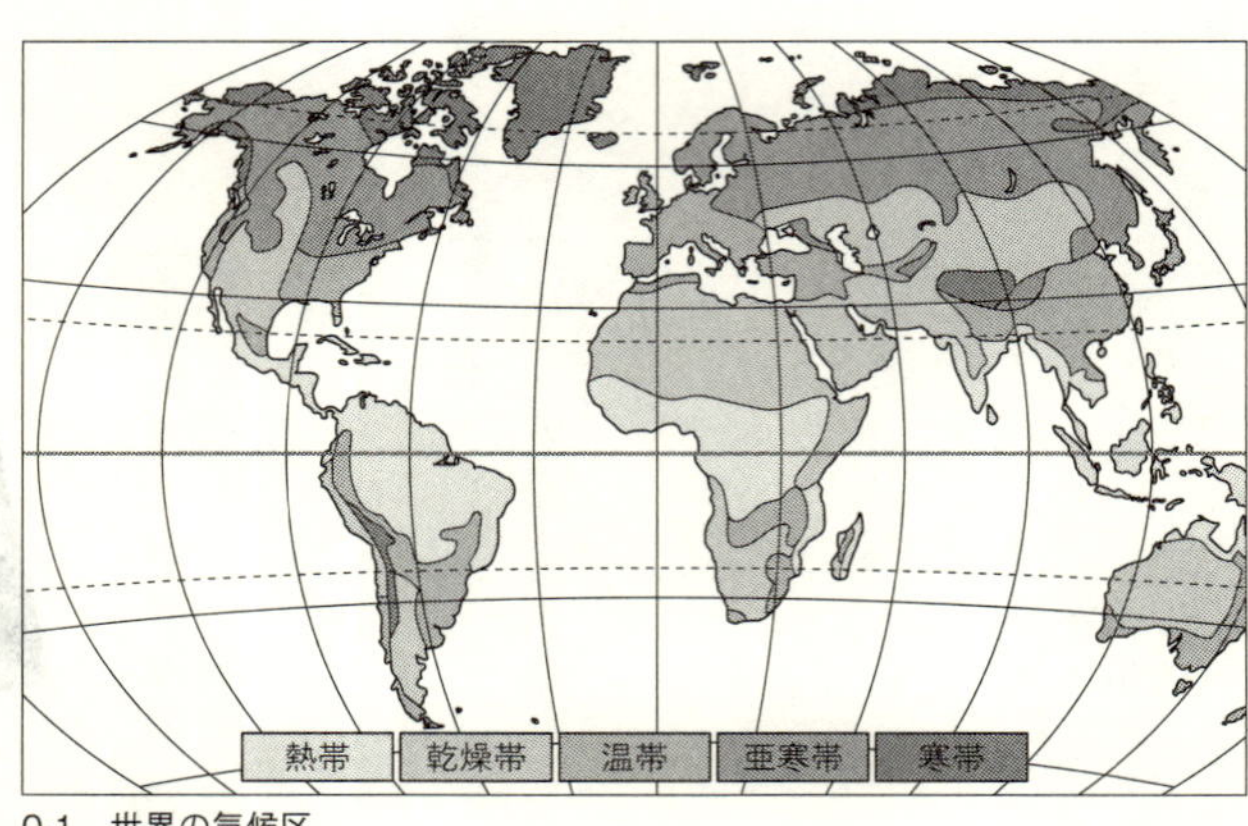

0-1　世界の気候区

したがって同じような動植物しか育たず、私たちが口にする食べ物の種類は、現在よりもずっと少なかったでしょう。結果として、世界の食文化はこれほど豊かにはならなかったはずです。

私たちの豊かさとは、つまり、北から南まで広範にわたって陸地があり、人々が、さまざまな気候区で生産される多種多様な動植物を貿易により交換したことで成し遂げられたといえるのです。すなわち、貿易とは私たちの生活水準を上昇させる重要な手段なのです。

ここで南極大陸を除く、世界の諸大陸の全体像を概観しておきましょう。南極大陸を省略するのは、元来、この大陸には人間は棲(す)んでおらず、したがって人々の営みに関連して言及することがないからです。

まずは、旧世界について。

ユーラシア大陸最北端はロシア連邦北部のチェリュスキン岬（北緯77度43分）、最東端はベーリング海峡にあるデジニョフ岬（西経169度39分）です。ヨーロッパ大陸最西端はポルトガルのロカ岬（西経9度30分）、アフリカ大陸最西端セネガル領内のヴェルデ岬（西経17度32分）、そしてアジア大陸最南端はマレーシアのタンジュン・ピアイ（北緯1度16分）です。

南北アメリカに目を移すと、アメリカ大陸の最北端はマーチソン岬であり、最南端は一般にはホーン岬（南緯55度59分）とされています。また、世界最小の大陸であるオーストラリアの最南端は、ウィルソンズ岬（南緯39度8分）です。

これだけを見ても、地球上に、どれほど多様な気候区が存在するかが想像できるでしょう。

続いて各大陸の面積を見ると、アジア大陸は約4460万㎢、アフリカ大陸は約3037万㎢、北アメリカ大陸は約2470万㎢、南アメリカ大陸は約1784万㎢、ヨーロッパ大陸は約1018万㎢、オーストラリア大陸は約769万㎢です。

世界の多くの人々は、これらの大陸のどれかに居住しています。多様な気候区も、それを活用するものがいなければ無用の長物です。各々で気候が異なる大陸に人が棲み着いていたからこそ、広範にわたる貿易も可能になったわけです。

なぜ諸島が重要なのか

しかし、大陸だけを取り上げたのでは、まだまだ不十分です。地理学上、「オーストラリア大陸より小さい」と定義される数々の島が世界中の海に横たわっており、本書で述べていくことの多くは、大陸ではなく、むしろ広大な海と島が主役なのです。

島といっても、本書で重要なのは、世界に点在している単独の島ではなく、複数の島々が群を成している「諸島」です。日本にも小笠原諸島、五島列島など、いろいろな諸島がありますが、世界史上で重要な諸島は、東南アジアの諸島とカリブ海の諸島です。本書でも、これらの諸島は頻繁に登場するので、まず概要を把握しておきましょう。

東南アジア諸島もカリブ海諸島も熱帯の気候区に位置し、そこには、多くの人々が居住する温帯の気候区では入手できない植物がありました。とくにヨーロッパ人にとっては、どちらの地域の産品も、自国の経済活動と人々の生活水準向上において非常に重要なものとなっていきます。

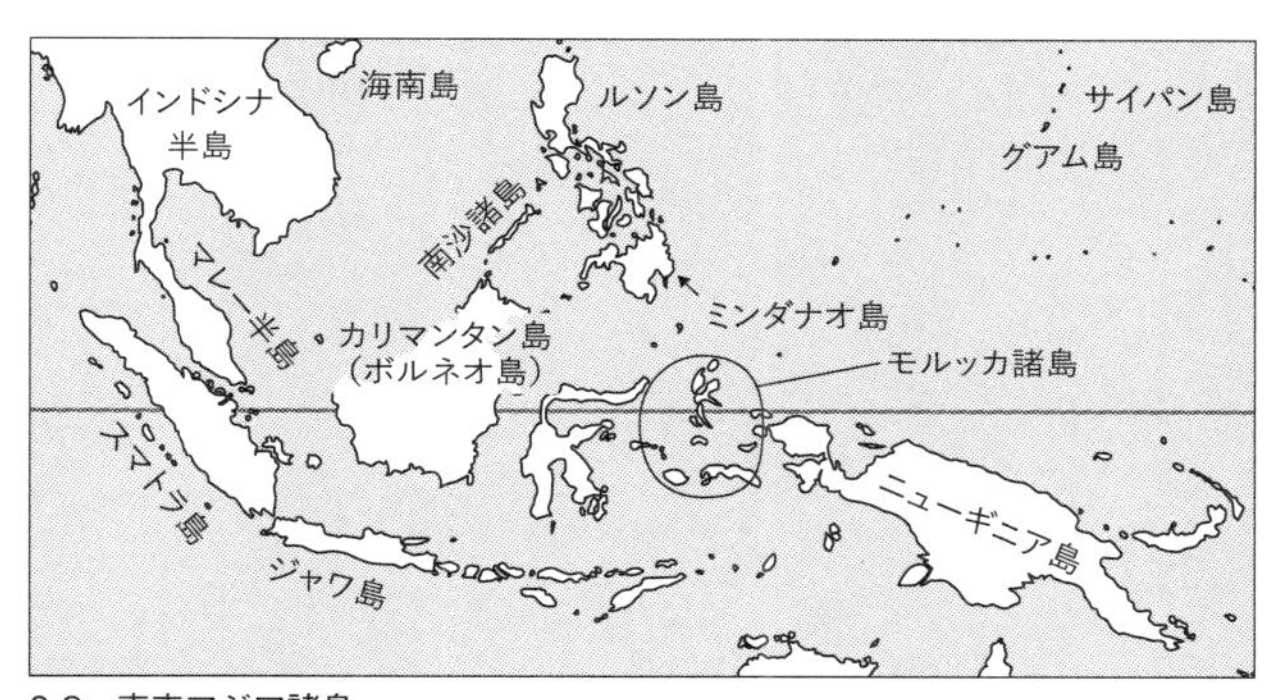

0-2　東南アジア諸島

まず、東南アジア諸島の面積の合計は約253万㎢であり、主要な島々としては、ボルネオ島、スマトラ島、ジャワ島などがあります。

東南アジア諸島の主要な産品は、周知のように香辛料であり、中世から近世にかけてのヨーロッパでは、東南アジアで産出される香辛料に非常に大きな需要がありました。そのなかでもモルッカ諸島は「香料諸島」とも呼ばれ、他地域には見られない香辛料の産出で知られています。

ここで0－3に、主な香辛料の産地をまとめておきましょう。

香辛料	原産地	用途	特徴
ナツメグ	モルッカ諸島	料理・薬	独特の芳香
クローヴ	モルッカ諸島	料理・歯痛	強い香りと苦味
シナモン	インドネシア・スリランカ	料理・デザート	甘い風味
コショウ	ベトナム・インドネシア	調味料	細胞の老化を防ぐ
ブラックペッパー	インド南西部	肉・魚料理	強い辛味
ホワイトペッパー	東南アジア	抗酸化作用	少し強い辛味
メース	モルッカ諸島	料理・製菓	温かみのある香り
ショウガ	東南アジア	消毒作用	辛味

0-3　おもな香辛料の原産地・用途・特徴

カリブ海諸島と砂糖の時代

次にカリブ海諸島ですが、ここに注目が集まったのは18世紀に入り、ヨーロッパにおける香辛料の需要が大きく低下したことと深い関係があります。香辛料の代わりに砂糖の需要が急上昇し、カリブ海諸島が、その主要産地となったのです。後で述べるように、砂糖ははじめ香辛料に分類されていたのですが、香辛料から独立し独自に分類される食品になっていったのです。

18世紀において、ヨーロッパでもっとも儲かる産業は砂糖産業でした。砂糖の最大の供給地はポルトガル領のブラジルでしたが、18世紀になるとカリブ海諸島に、19世紀になるとスペイン領キューバの地位が上昇し、１８４０年代には世界最大の砂糖生産地になったといわれます。

香辛料と砂糖とでは使用用途が大きく異なります。香辛料の最大の用途は味付けであり、その他、食品の保存、医薬品、文化的・宗教的儀式などの用途があげられます。

これに対し、砂糖は、当初は薬用としての用途もあったのですが、香辛料と違って人体のエネルギーになることから、ヨーロッパ人の重要なカロリーベースとなりました。

こうして、香辛料に代わりヨーロッパで需要が高まった砂糖の生産では、奴隷が多く使われました。砂糖の原料であるサトウキビのプランテーションは、香辛料の生産よりもはるかに大量の労働力を必要としたからです。香辛料の生産で奴隷がいっさい使われていなかったとはいいませんが、砂糖と比較すればずっと少なかったはずです。

現に、サトウキビ栽培のために西アフリカから大量の黒人奴隷が運ばれたため、砂糖の需要の高まりと人口移動の規模の拡大は、ほぼ同時期のことでした。香辛料の需要が高かった頃の人口移動はかなり小さく、香辛料における奴隷ないし強制労働の比率は低かったと推測できるのです。

新世界での砂糖の生産量が激増したことで、18世紀のヨーロッパで、もっとも重要な食品は砂糖となりました。それにともない、サトウキビおよび砂糖の主要産地であるカリブ海諸島が東南アジア諸島に取って代わり、ヨーロッパ最大の取引相手地域になりました。

ウォーラーステインの近代世界システム論

このように、ヨーロッパが他地域から輸入する主要商品は、香辛料から砂糖へと転換しました。それが世界史においてどういう意味をもったのかは、アメリカの社会学者イマニュエル・ウォーラーステインがいう「近代世界システム」を参照すると、よくわかります。

まず前提として、ウォーラーステインによれば、現在の世界経済の起源は、基本的に16世紀から17世紀前半の北西ヨーロッパにあります。この頃、西欧では経済が成長したのですが、それは東欧が西欧への第一次産品（食料）輸出地域となり、従属化したからであるとウォーラーステインは主張しました。

そのうえで、ウォーラーステインは、歴史上、いくつか存在した世界帝国――政治的に統合された広大な領土を有する帝国――とは異なり、北西ヨーロッパ（西欧）で誕生したシステム（近代世界システム）は、経済成長を促し続けることができたと指摘しています。近代経済学の用語を用いるなら「持続的経済成長」が可能になったのです。

従来の世界帝国では、帝国の維持のために必要とされた膨大な官僚の維持コストが高くなりすぎたせいで、結局は崩壊するのが常でした。しかし、16世紀のヨーロッパでは、そのような帝国は消滅し、主権国家が誕生したことによって、各国が経済的競争をするようになりました。

各国が経済的に競うようになったヨーロッパでは、従来の帝国が官僚制度維持にかけてきた高いコストが不要となったため、経済的負担が軽減されたというのがウォーラーステインの主張です。そして、新たにはじまった国家間の経済競争が、持続的経済成長を促したというわけです。

さて、おもに香辛料を取引していた頃のヨーロッパは、その原産地である他国から輸入していただけでした。それに対し、砂糖については、他地域に生えていた原料のサトウキビを新世界に植え付け、自国の管理のもとで新たに生産するようになりました。つまり砂糖は、香辛料よりもはるかに大きなインパクトをヨーロッパ経済に与えることになったのです。

換言すれば、砂糖はウォーラーステインのいう近代世界システムの形成期にもっとも重要な商品であり、帝国の成立と崩壊を繰り返してきたヨーロッパを、経済成長し続ける地域へと変化させることに一役担ったと見てもいいでしょう。

ヨーロッパで誕生した近代世界システムは、やがて世界中に広がります。ウォーラーステインは「ヨーロッパ世界経済」という表現をしばしば用いますが、それは、そもそもヨーロッパではじまった経済成長が、次第に世界を覆っていき、現在まで続いている世界経済の成長につながったからです。

香辛料貿易と砂糖貿易の違い

もう一つ、ウォーラーステインの主要概念となっているのは「ヘゲモニー国家」です。ヘゲモニー国家とは、工業、商業、金融業の三部門で他を圧倒するような経済力をもつ国のことをいいます。

この理論によると世界は、中核、半周辺、周辺に分かれており、強大な権力をもつ中核が周辺地域を収奪するという構図になっています。中核と周辺のあいだには、一種の緩衝地帯である半周辺が位置します。

ウォーラーステインによれば、世界史上、ヘゲモニー国家は三つしか存在しません。17世紀中頃のオランダ、19世紀末から第一次世界大戦勃発頃までのイギリス、そして第二次世界大戦後からベトナム戦争勃発の頃までのアメリカ合衆国です。

しかし、17世紀中頃のオランダが、ヘゲモニー国家と呼べるほどの支配力を発揮できたのは、ヨーロッパ内部においてのみであり、アジアでは、あまり強い力をもっていませんでした。現に当時、国際貿易の取引商品としてもっとも重要なのは香辛料でしたが、オランダは、その貿易を独占していたわけではありません。ヨーロッパ人は、中世から近世にかけ、香辛料をアジア商人、とくにムスリム（イスラーム教徒）商人から購入していました。16世紀以降は、ヨーロッパ船で直接輸入するようになりますが、それは、アジアで発展していた貿易ネットワークを利用して成し遂げられたことでした。

他方、砂糖に関連する大西洋貿易は、ヨーロッパ人がほぼ独力で実現したことです。つまり、東南アジア諸島での貿易とカリブ海諸島での貿易とでは、その成立プロセスが大きく異なっていたのです。

しかも、ヨーロッパが主要な貿易を香辛料から砂糖へ、東南アジア諸島からカリブ海諸島へと変えたことは、黒人奴隷を用いた大規模なプランテーション農業の成立という、生産システムの大転換を招きました。

香辛料から砂糖への主要輸入品目の変化は、ヨーロッパの生産力が、それまでよりもはるかに高くなったことを意味したのです。そしてこのとき、オランダのヘゲモニーは完全に失われることとなりました。

二つの産業革命と調味料

19世紀までの歴史学では、ヨーロッパは歴史上、ずっとアジアよりも経済水準が高かったと考えられてきました。しかし20世紀も後半になると、それは西洋中心史観であると批判する向きが多くなり、アジアとヨーロッパの経済水準の比較は、もっと慎重に考えられるようになってきました。

この潮流をもっとも見事に示した研究は、アメリカの歴史学者ケネス・ポメランツが２０００年に上梓した *The Great Divergence*（『大分岐——中国、ヨーロッパ、そして近代世界経済の形成』川北稔監訳、名古屋大学出版会、２０１５年）です。

この本の特徴は、ヨーロッパ、とくにイギリスと中国を比較し、１７５０年頃まではどちらも手工業にもとづく経済成長を経験していたのに対し、それ以降はヨーロッパが産業革命に成功したために動力を用いた機械製品による生産が大きく増加し、両者に決定的な差がついたとしている点にあります。

中国もヨーロッパも、人口が増大したことに起因する経済的危機に見舞われました。しかし、中国と違ってイギリスは、エネルギーになる石炭が国内に大量に埋蔵されていたこと、さらに新世界の広大な土地を活用したことで、経済が大きく発展したというのです。

このように産業革命をベースに中国とヨーロッパを比較するのは、一見、当然のように思えるかもしれません。

しかし香辛料と砂糖という産品を軸に歴史を見ていくと、それとは別の視点を示すことができます。すなわち、（少なくともヨーロッパ史の立場から）もっとも重要な国際商品として、まず香辛料が、ついで砂糖があったという変遷を考察することには、世界史の研究上、大きな意義があるはずなのです。

すでに述べたことですが、ヨーロッパは、香辛料よりもはるかに強く、砂糖の生産に関与しました。香辛料の生産は、すでに東南アジアの人々がおこなっており、そこにヨーロッパ人が付け加えられるものは、ほとんどありませんでした。

しかし砂糖は違いました。ヨーロッパ外の地域にあった原料のサトウキビを、ヨーロッパ人が自ら関与して新世界で栽培できるようにしたばかりでなく、遠く離れた西アフリカから黒人奴隷を輸送し、サトウキビ栽培の労働力として投じるということまでしました。

これは生産システムの大転換のみならず、人類史上最大の人口移動をもたらしたという意味でも、明らかに世界史の大きなターニングポイントだったと指摘できるのです。

ところで産業革命とは、長期的に見れば、有機経済（自然の恵みをベースとする経済）から無機経済（化石燃料の使用をベースとする経済）への転換を意味します。この転換に成功したヨーロッパと、失敗した中国に大きな経済格差がついたのは当然といえます。

ただし、その過程は、18世紀後半の第一次産業革命（イギリス産業革命）と、19世紀末の米独による第二次産業革命とに大きく分かれており、前者は綿織物を、後者は重化学工業を基軸としていたことに注意しなければなりません。

綿織物の生産には、原材料である綿花を栽培する広大な土地が必要です。一方、いうまでもなく工場で生産される化学繊維ならば、自然頼みではなく人工の力で、天然繊維よりもはるかに大量に、しかも均質に生産することができます。

化学繊維は、現代に生きる私たちにとっても欠かせないものです。その点を考え合わせると、現代世界は、第一次産業革命ではなく、第二次産業革命の所産といったほうがいいでしょう。

そして本書の主旨からも重要なことに、もう一つ、現代世界が第二次産業革命の所産であると示すものがあります。それは、うま味調味料と食品添加物です。

詳しくは第5章に譲りますが、人工的につくられるうま味調味料と食品添加物は、80億人以上にもなる地球上の人口を支えるために不可欠なものになっています。別言すれば、それは、現代社会が第一次産業革命ではなく、まさしく重化学工業を軸とする二次産業革命によって形成されたことを物語っているといえるのです。

「味」の世界史を人類の起源から見る

ここでもう少し大きな視点から、本書で扱うテーマをながめてみましょう。

人類は、もともとアフリカに居住していましたが、今から7～5万年ほど前にアフリカを出て、世界各地に棲み着きました。これは、「出アフリカ」と呼ばれます。

こうして世界各地に散らばった人類は、それぞれ気候区の異なる地域に棲むこととなりました。約1万年前には定住を開始し、それとほぼ同時期に、その土地の気候に適したものを生産する農業がはじまりました。

そして人類は、やがて自分たちの土地でとれた作物を、別の地域でとれた作物と交換するようになるのです。貿易のはじまりです。棲み着いた土地で、その土地でとれるものを食べながら生きるだけでなく、他の地域の産物をも生活に取り入れることで、人類は豊かさを手にしていきます。

それを加速化したのが大航海時代でした。大航海時代があったからこそ、本国からはるかに遠いカリブ海諸島で綿花を栽培し、それを原料としてつくられた綿織物をイギリス本国に輸送するというシステムを形成することができたのです。

さらには、帆船から蒸気船へと主な輸送手段が転換することで、世界各地のあいだの実質的な距離は一気に縮まり、食品の輸送量はいっそう増えました。

こうした人類の歴史の果てに、先ほども述べた、第二次産業革命の一つの産物ともいえるうま味調味料や食品添加物が生まれたのです。これらを使用することで、世界中の食品が似通ってきたのは、現在のグローバリゼーションの一つの帰結といえます。

本書の構成

本書の目的は、味の歴史、食の歴史、世界観の歴史、輸送の歴史、産業革命の歴史に踏み込みながら、この序章で述べてきたことを、より詳しく実証することにあります。

食物史という分野は、特定の食物がどのように生産・流通・消費されたのかを論じることを主眼としているように思われます。

本書もその例に漏れませんが、特徴をあげるとするならば、古代から近世までの香辛料の流通過程、新世界での砂糖生産と流通を、大航海時代のヨーロッパ人、そして宗教迫害により離散したユダヤ人と関連させて論じていきます。そこで歴史の主役となるのは、東南アジア諸島、カリブ海諸島の二つの諸島です。また、うま味調味料と食品添加物について、第二次産業革命と関連させて述べているのも本書の特徴といっていいでしょう。

本書のタイトルには、「味」という言葉が使われています。

食事は、単に栄養をとるためだけのものではなく、一つの文化でもあります。いかなる場合でも、食事は美味しいほうが良いのはいうまでもなく、人々は、料理がより美味しくなるよう工夫してきました。また、人々は超長期にわたり食料を生産し、貿易し、自分が住んでいる土地の産品にとどまらない多様な食品を摂取することを可能にしてきました。

いずれも「生活水準を向上させたい」という強い意志があったからこそ、人々が果敢に挑み、成功させてきたものではないでしょうか。

第1章では、香辛料が、古代から中世までのヨーロッパで、どのようにして使用されていたのかを述べます。香辛料は、単なる食品ではなく、医薬品でもありました。

第2章では、大航海時代に入り、ヨーロッパがアジア商人の船ではなく、自分たちの船で香辛料を輸入するようになったことに焦点を当てます。この時期を境に、ヨーロッパ人は、世界の流通網を徐々に自分たちのものにしていきました。

第3章では、ヨーロッパの主要輸入品が香辛料から砂糖へと転換したことを扱います。ヨーロッパは黒人奴隷を西アフリカから新世界に輸送し、サトウキビ栽培と砂糖生産に投入しました。労働環境は苛烈（かれつ）をきわめ、早くに命を落とす奴隷も少なくありませんでした。

第4章では、砂糖生産が、新世界各地にどのようにして広まったのかを論じます。また、砂糖が欠かせない紅茶にも着目し、密輸茶とも絡めて、イギリスが「紅茶の大国」になった経緯を詳（つまび）らかにします。

第5章では、世界各地を欧米の船舶が往来し、世界中の人々が世界各地の食品を購入できるようになった過程を解説します。さらに、締めくくりとして、現代になって技術が確立し、普及した冷凍食品についても触れつつ、うま味調味料と食品添加物の出現により、世界の「味」が統一された模様を描き出してみます。

それでは、「味」が動かしてきた世界史を、これから一緒に旅していきましょう。

味の世界史　目次

第1章 香辛料貿易のはじまり——古代・中世

香辛料とヨーロッパ史

香辛料は、世界史を理解するうえで非常に重要な商品です。

とくに、ヨーロッパ諸国が東南アジアの香辛料を求めて次々と冒険に出かけた大航海時代は、まさに香辛料が「世界史の主役」となった時代です。

けれども香辛料の重要性を理解するためには、それ以前の時代のことを知らなければいけません。かなり以前から、ヨーロッパには香辛料が流入していました。その量が非常に多くなったのが、大航海時代なのです。

ところが古代から中世のヨーロッパの人々にとって、インド洋や東南アジアの海は、地理的にも精神的にもかなり遠い存在でした。当時の航海技術では、ヨーロッパからインド、ましてや東南アジアに到達することは、きわめて難しかったのです。

そこで本章では、大航海時代以前のヨーロッパにおいて香辛料がどのように流通していたのか、ヨーロッパ人が香辛料をどう消費していたのかということを述べてみます。はるか遠いアジアの香辛料を、ヨーロッパの人たちは、どうやって入手していたのでしょうか。

最古の痕跡は前10世紀

世界最初の文明は、メソポタミア文明です。青銅器や楔形文字が使用されたことは、一般的にもよく知られていることでしょう。

しかし、当時のメソポタミア南部には、金・銅・錫などの、文明を発展させるために不可欠な貴金属の資源が不足していました。メソポタミアは、イランやアナトリア半島から必要な資源を輸入していたのです。そのためメソポタミア文明の発展は、必然的に「商業圏の拡大」をともなうことになりました。

ここでとくに重要になってくるのは、メソポタミア文明とインダス文明のあいだに生じた貿易関係です。メソポタミアの人々が直接貿易していたのではなく。エラム人やディルムン人といった人々が媒介となって、メソポタミアとインドの貿易は増えていったのです。

エラム人はイラン高原で、ディルムン人は現在のバーレーンで活躍していた商業の民です。メソポタミアは、ディルムンを経由し、銅、錫、砂金、象牙、カーネリアン、ラピスラズリ、木材、真珠など、さまざまな物資をインドから輸入していました。

一方、メソポタミアからインドへの輸出品はといえば、瀝青（天然のアスファルト・タール・ピッチなど、黒色の粘着性のある物質の総称）、銀、錫と銅の塊、羊毛の織物くらいだった

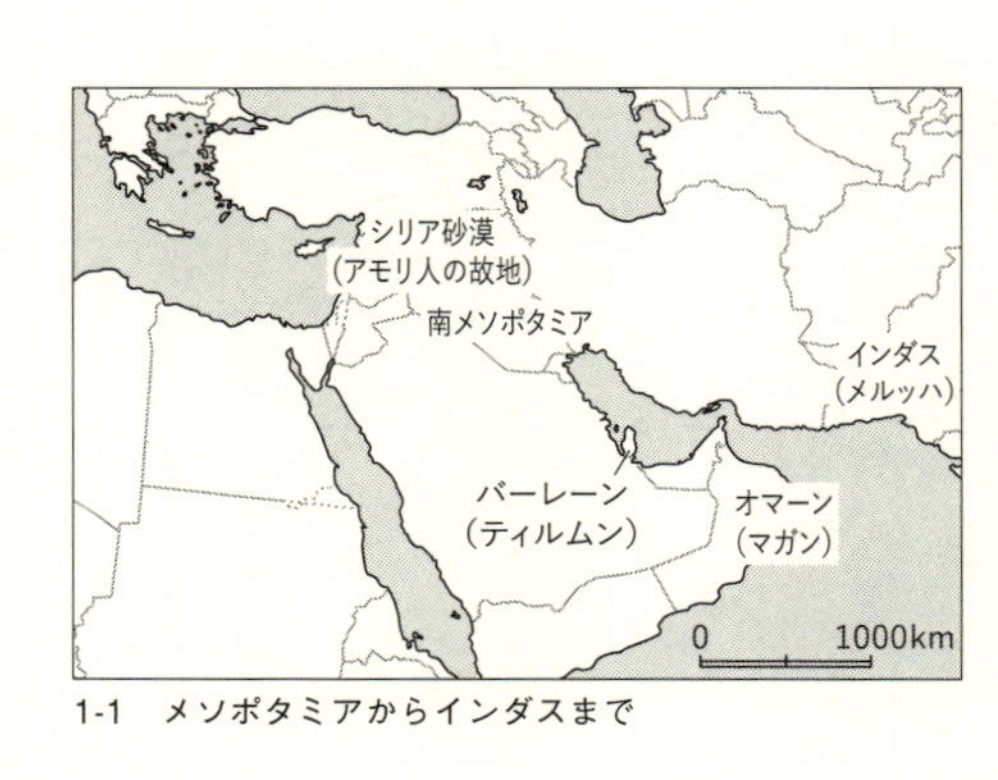

1-1　メソポタミアからインダスまで

とされます。つまり、当時からインドを含むアジアは豊富な資源に恵まれ、他の地域にそれらを輸出していたことが窺われるのです。

香辛料もまた、インドの主要輸出品の一つでした。インドからメソポタミアへと香辛料が輸送されたことを示す最古の痕跡は、前11世紀から前10世紀頃に液体を運ぶために使用されたフラスコ（鉄器時代の粘土製容器）上で発見された「シンナムアルデヒド」（シナモンの香りの主要な成分）です。

わずかな痕跡ではありますが、この時代にはすでに香辛料貿易がはじまっていたことを物語っています。

ミイラにも使われていた香辛料

古代エジプトでは、入手がきわめて困難な香辛料は、権力の象徴でした。

古代ギリシアの歴史家ヘロドトスとトゥキュディデスによると、エジプト文明では王（ファラオ）の死後、ミイラにする過程でシナモンやコショウが使われていました。香辛料による威光は、生きているあいだだけでなく死後にもおよんでいたわけです。

たとえば、前1213年に没したラムセス二世のミイラの鼻の穴には、コショウの粒が詰められていました。これには、死してもなお王の威光が失われないよう、できるだけミイラを豪華にするという目的以外に、「来世でも常に心地よい香りを嗅ぐことができるように」という意味も込められていたといわれます。

その当時、インドからの輸出品は紅海をへてエジプトへと輸送されていました。インドの商人によってアラビア港まで運ばれた香辛料、織物、真珠などは、まず紅海のレウケ・コメへ輸送され、そこからは陸路になります。

ラクダの隊商（広大な土地を移動しながら物資を運搬したキャラバン）により北のペトラへ、または西のアレクサンドリアやガザへと輸送されました。エジプトのナイルへは、じつに240kmもの砂漠の回廊を踏破しなくてはいけません。

アラビア港にいたアラブ人は、南アジアのシナモン、カシア、宝石、真珠、アフリカ産の象牙などをエジプトに輸送していました。彼らは、これらの商品がすべて彼らの土地の生産物であると、エジプト人に信じ込ませていたそうです。

そのため、エジプト人や地中海の船乗りたちは、インドへ直接貿易に向かおうと考えることはありませんでした。こうしてアラブ人はアジアからアラビア港をへる貿易の仲介者であり続け、巨万の富を手にしたのです。

なぜフェニキア人は地中海貿易を独占できたのか

右に述べたように、アラブ人は海上貿易で活躍していました。しかし、彼ら以上に活躍していた人たちもいたのです。それは、フェニキア人でした。

フェニキア人は、世界史上最大の海洋民族だといって、過言ではありません。彼らは、すでに前12世紀から、地中海貿易においてほぼ独占的な立場を築いていました。地中海世界の物流は、フェニキア人によって統一されたといってもよいでしょう。

前30世紀頃（諸説あります）から現在のレバノン地方に住み着いたフェニキア人は、前15~前14世紀から、ヒッタイトとエジプト新王国という二大帝国に支配されていました。

ところが、前12世紀頃に両帝国が滅亡します。そのため彼らは自立することができ、地中海全域で商業活動を展開・拡大し、一躍、地中海貿易の中心的な存在となったのです。

最近の研究では、南・東南アジアから中東をへてヨーロッパへと至る香辛料貿易がはじま

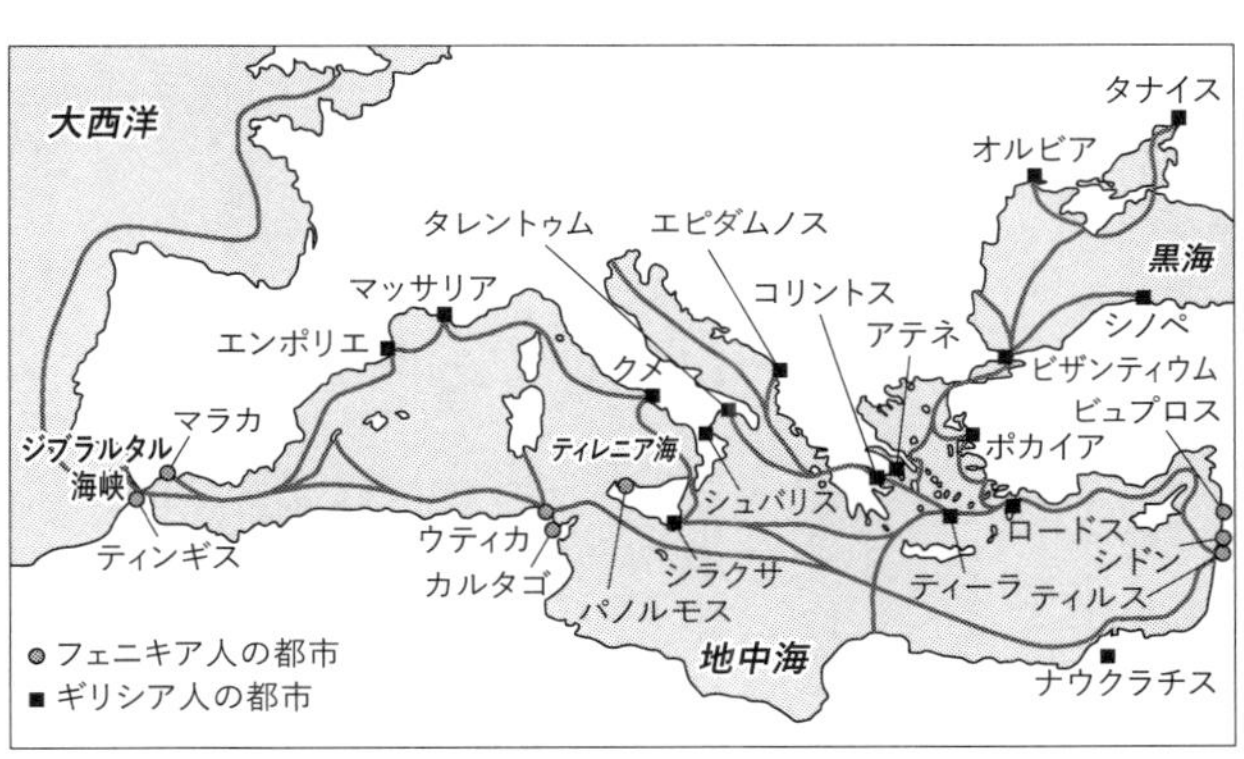

1-2　フェニキア人の商業ネットワーク

るに当たって、フェニキア人が大きな役割を果たしていたことが明らかになっています。その根拠となったのが、先ほども登場した「シナモンの痕跡」です。

鉄器時代のフェニキア人が貿易のために使っていた小型フラスコに、少量の有機残留物が付着しているのが見つかりました。それを分析したところ、シナモンが検出されたのです。こうして鉄器時代にはすでに香辛料貿易がはじまっていたこと、そこではフェニキア人が大きな役割を果たしていたことが明らかになったというわけです。

ここで1－2を見てみましょう。地中海を中心として黒海、さらにはイギリスにまで、フェニキア人の商業ネットワークが広がっていたことが見て取れます。

それればかりか、フェニキア人はおそらくインド洋、あるいはもしかすると、東南アジアとも貿易をしていたかもしれません。というのも、フェニキア人は非常にすぐれた航海技術をもっていたからです。

それを具体的に示してみましょう。地中海の植民市は、東方には主としてギリシア人の植民市が、西方には主としてフェニキア人の植民市がありました。つまりフェニキア人は、もともと棲み着いていた現レバノンのあたりから、海を隔てて遠く離れた地域に植民市を建設しているのです。またフェニキア人は、紅海から反時計回りで、なんとアフリカ大陸を一周していたとさえいわれています。

もしそうだったとすると、フェニキア人の商業活動の範囲は、大航海時代初期のヨーロッパとさほど変わりません。あまりにも広大なネットワークを、大航海時代より前に確立したことになるのです。

フェニキア人はまさしく傑出した航海者であり、古代における香辛料貿易の発起者だったことは間違いありません。

ローマ帝国の広大な商業ネットワーク

ここから、さらに時代を下っていきましょう。

分子生物学者の新谷隆史（しんたにたかふみ）によれば、香辛料は古代ギリシアを経由してローマにもたらされました。その後、古代ローマ人によって多用され、結果として属州のフランスやスペインへと香辛料が広まっていきました。ローマはヨーロッパと香辛料の歴史において起点だったわけです。

王政ローマ（前753～前509）、共和政ローマ（前509～前27）をへて、前27年の皇帝アウグストゥスの即位により、ローマ帝国が誕生しました。帝政ローマのはじまりです。

ところで、皆さんは、「ローマ帝国」と聞いて、どんなイメージが湧きますか？

地中海全域を手中に収めた帝国――そんなイメージではないでしょうか。

たしかにローマ帝国は「地中海帝国」として知られてきましたが、じつは近年、その捉え方に疑問が呈されています。

ローマ帝国は、地中海、そしてアルプス以北だけではなく、西アジアもまた支配下においていました。したがって「ローマ帝国＝地中海世界」という認識は、ローマ帝国の実像を見誤ることになると指摘されているのです。

このようにユーラシア世界を一体として考えると、ヨーロッパは「西部ユーラシアに広がる一地域」であり、ローマ帝国は「ユーラシアを横断するシルクロードの西端に築かれた帝国」という見方になります。これだけでも、かつてのイメージとは違うローマ帝国の姿が見えてくるのではないでしょうか。

では、この「西部ユーラシア」の世界観を念頭に、ローマ帝国と香辛料の関係について見ていきましょう。

ローマ帝国が中国から絹を輸入していたことはよく知られていますが、じつはローマ世界がアジアから輸入していたものは、ほかにもありました。大航海時代がはじまるずっと以前から、ローマ帝国は広大な商業ネットワークを構築し、アジアから香辛料を輸入していたのです。

前30年にオクタウィアヌス（のちのアウグストゥス帝）がプトレマイオス朝を滅ぼし、エジプトをローマ帝国の支配下におくと、紅海を航行する貿易量は劇的に増加しました。それは、「大繁栄と平和の時代の到来を告げるもの」であったとまでいわれます。

どのくらいだったのかといえば、ローマ時代の地理学者ストラボンの『地理誌』に「彼の時代には、エジプトからインドまで120隻もの船が定期的に航行していた」と記されており、かなりの数の商船が往来していたことが推察されます。

そんなローマ帝国の国際ネットワークの大きさを示す、興味深い事実があります。ローマの貨幣が、東アフリカ、アフガニスタン、パキスタン、セイロン、インドで見つかったのです。この事実は、これらの地域とローマとのあいだで取引があったことを示します。

しかしこれらの地域の貨幣は、ヨーロッパでほとんど見つかっていません。つまり、これらの地域には香辛料をはじめ、ローマに輸出する主力商品がたくさんあったけれども、ローマには、これらの地域に輸出できる商品が、あまりなかったということでしょう。見方を変えるなら、ローマには、たくさんの鉱山があったため、貴金属を輸出することで多くの商品を輸入することができたのです。

ローマへの香辛料の輸入には、前数世紀にはじまる「香料の道（Incense Route）」というルートが使われていました。主にアラビア半島、ソマリア、エジプト、イスラエル、インドを結ぶ長大なルートです。

ローマでは当時、香料が宗教的儀式や医療、美容など多岐にわたる用途で重宝されていま

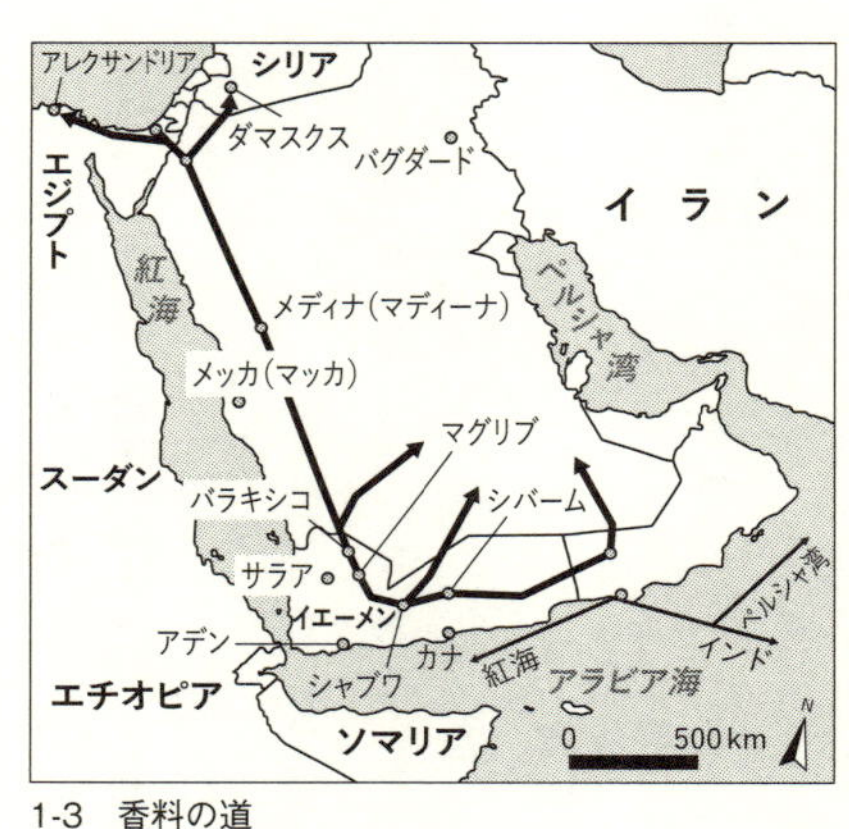

1-3　香料の道
出典：K. Hammber et. at., “Oman at the cross-roads of inter-regional exchange of cultivated plants”, *Genet Resour Crop Evol*, 2008. をもとに作成。

した。そのために盛んにおこなわれていた香料の取引は、古代世界の経済を活性化させたばかりか、「香料の道」を通じた文化や宗教、技術などの知識の広がり、古代世界の異なる文化間の接触と交流を促しました。

ローマ帝国によって支配され、ローマの経済に大きく貢献することになった「香料の道」は、つまり経済的にだけでなく文化的にも重要なルートだったわけです。

「香料の道」は、いくつかの主要ルートに分かれているのですが、ここではとくに有名なものを二つあげておきましょう。

一つは、アラビア半島から地中海沿岸へと続くルートです。ここでは高価な香辛料が運ばれていました。もう一つは、ネゲヴ砂漠を通るルートです。このルート上の主要な交易都市の一つであり、繁栄の中心地だった中東のペトラは、乳香や没薬といった香料の貿易に特化された「乳香の道」の重要な中継地点でもありました。

乳香とはカンラン科の木の樹脂のことで、樹液が透明から乳白色に変わることから、そのような名称で呼ばれています。没薬もまたカンラン科の樹木から採取される香料です。どちらも日本では馴染みが薄いかもしれませんが、西洋では『新約聖書』にも登場し、古代から宗教的儀式には欠かせない、西洋世界にとってなくてはならないものだったわけです。

香辛料を求めてアフリカ、インドへ

ローマ帝国時代に重要な役割を果たしていた「香料の道」について、もう少し具体的にお話ししておきます。この長い長い道のりをへて、商品はどのように輸送されていたのでしょうか。ローマを出発点として、順に見ていきます。

ローマからの輸出品は、金貨や銀貨の袋、加工された錫、銅、鉄、地元で生産された大麦、小麦、ゴマ油、アレクサンドリアのガラス容器、イタリアやシリアのブドウジュースやワイン、フェニキアの紫布(しふ)などです。

これらは、まずローマから約20日間をかけてエジプトのアレクサンドリアへと運ばれ、そこからさらに11~12日間をかけて、ナイル川東岸のコプトス港に輸送されます。コプトス港は、ローマやエジプト、アラビア、インドから多くの商人や金融業者が集まる、商業貿易と輸送の中心地でした。

コプトスから古代の商人は隊商を組んで移動していたのですが、彼らの最大の頭痛の種は、道中、盗賊に襲われる危険があることでした。

そこでローマ政府は、フレウロイと呼ばれる駐屯地を設け、数百人の兵士を収容します。さらに、大規模で重要な隊商の一部には、全行程に武装したパトロール隊を同行させました。当時の貿易は、それほどまでに危険をともなっていたのです。

コプトス港に持ち込まれた物資は、次にベレニケへと運ばれます。ベレニケは紅海の西岸に位置し、地中海沿岸や近東、エジプトとアフリカ沿岸、インド、中国、東南アジアを結ぶ国際的な交易の中心地として、およそ８００年近くも栄えることになります。

こうして紅海の港に到着した商船の主な行き先は、アフリカとインドでした。

好天の北風に乗るために、7月から9月にかけて紅海の港を出港した商船は、危険な海岸線を避けるため、船はできるだけ紅海の中央を南下しました。

アフリカに向かった商船は、その後、アフリカ大陸の東端のグアルダフイ岬（現ソマリア）

へ行き、アフリカ沿岸を南下してラプタ（現位置は不明）にたどり着きます。

このラプタなる中継地では、エジプトのリネン、ガラス、ワイン、金属製品、アフリカの象牙、べっ甲、没薬、乳香、インド商人との交易でえたシナモン、インドの織物、帯、高級モスリンが取引されていました。

一方、インドに向かった商船は、アラビア南岸のアデン港とカナ港を経た後、モンスーン風に乗ってインド洋の広い海域を横断し、インド南西部に到着します。彼らはこの地で、インダス川沿いのバルバリコン、マラバール海岸南西部のムジリス（コドゥンガルール）、セイロン、そしてインド沿岸の港を訪れました。

インドへと至る途中の停泊地では、織物、銀や金の彫像、穀物、ワイン、オリーヴ油など、現地のさまざまな商品が取引されていました。南アラビア産の乳香や没薬は、金や銀貨とともにインドで非常に人気があったのです。その代価として、インド人は地元で生産されるコショウ、綿花、真珠、中国の商人から入手した絹織物などを交換しました。

世界最初の香辛料貿易の中心地は、インドのマラバール海岸に位置するムジリスです。インド産のブラックペッパーはとても人気があったため、インドはローマ帝国にとってもっとも重要な貿易港の一つであり続けました。

このように、ローマ帝国の人々は香辛料を求め続け、商人たちはそこにこそ商機を見出し、アフリカ、あるいはインドで盛んに取引していたのです。ただし香辛料を調達するために、ローマ帝国の人々が自らアジアに足を運ぶことは、まだありませんでした。ヨーロッパ人が自力でアジアを訪れるのは、大航海時代を待たなくてはなりません。

史料が語る古代の香辛料貿易

古代におけるアフリカとインドへの航海や貿易に関しては、後1世紀にギリシア語で書かれた『エリュトゥラー海案内記』に詳しく記されています。

『エリュトゥラー海案内記』は航路の状況、航路沿いの商館や安宿、現地の人々の様子、主要輸出入品などが記されている貴重な史料です。

同書の記述からも、中継地点で盛んに香辛料の取引がおこなわれていたことがわかります。すでに香辛料は、ローマ世界に流入していました。

また、ローマ帝国の時代について知るには、博物学者のプリニウス（23〜79）が後1世紀に著した『博物誌』を読むことが不可欠です。

プリニウスは、当時知られていた約2万件の「事実」を、2000以上の文献から引用しているのですが、参照元となった文献の多くが現在では失われています。『博物誌』は、プリニウスが参照した大量の文献に書かれていたことを、ある程度は知ることができるという点で、非常に貴重な史料なのです。

『博物誌』は全37巻からなり、動植物、鉱物、医学、地理、人類学、芸術などに関するあらゆる知識が集約されています。香辛料について、たとえば次のように書かれています。

インドのオリーヴの木は、野生オリーヴのような実しかならない。しかしわが国のトショウ（引用者注：トショウ＝杜松（ジュニパー）。ほのかな苦みと甘みのある香りが特徴の香辛料）に似ていて、コショウがなる木がいたるところに生えている。

（プリニウス『博物誌』）

これは、おもにインドから輸入されていたブラックペッパーに関する記述です。

その他、インドや他のアジアから来るシナモン（肉桂）、南アジア原産のカルダモン、アジア原産のジンジャー、おもにインドネシアから輸入されていたマイステム（ナツメグの一種）、地中海地域で栽培されていたアムモス（フェヌグリーク）、多くの地域で栽培されていたサフランなどにも触れられています。

なかでも興味深いのは、「香料はあらゆる形の奢侈（しゃし）のうちもっとも余計なものの目的に奉仕するものである」とプリニウスが述べている点です。ここから後1世紀のローマでは、香辛料はまだ贅沢品であり、富裕な人たちにしか入手できなかったことが推測できます。

『博物誌』には、インドへの航海に関しても詳細に書かれています。

たとえば、おそらくはインドのある地域と推測される場所から、「……それはある海岸の非常に広い面積を占めていてそれをよぎるには30日をゆうする」とあります。

エジプトからインドへの航海については、「インドがわが帝国の富を吸い取ること5000万セステルティウスに満たぬ年はないこと、その見返りに送られてくる商品が、私たちに原価の100倍で売られている」という記述があり、やはりインドから大量の香辛料を輸入していた反面、輸出できるものはほとんどなかったことを示しています。

一方、東南アジアについては記述が不正確なところが散見されます。これは、インドと比較しても伝聞の記録だけではなく、伝聞のさらに伝聞の記録も増えたことが理由だと思われます。これはいかにローマ人にとって、物理的のみならず精神的に東南アジアが遠い地域であったかを端的に物語っています。

たとえば、奇人変人、食人種、はたまた「モノコリといって脚が一本しかなく、跳躍しながら驚くべき速力で動く人びとの種族」と記された「傘足種族」の存在――。『博物誌』ともあろう書物に、こうした奇想天外な「東方の怪異」の記述があるのは、プリニウスが依拠した史料自体が伝聞にもとづいていたからでしょう。

　ここで1－4を見てください。何の前衛芸術かと思われたでしょうが、これは、『博物誌』をもとに16世紀頃に作製された木版画です。ローマ人は、まだ取引したことがない地域には、自分たちとはまったく異なる姿の人々がいると思っていました。

　当時、ローマ世界はまだ小さく、ローマ人は積極的にヨーロッパ外世界に進出していなかったため、東方には、このような人々がいると本気で考えたのでしょう。現代に生きる私たちの目には荒唐無稽そのものですが、

1-4　奇妙な種族
出典：『プリニウスの博物誌』Ⅱ、口絵24、雄山閣、2021年。

要するに、それだけローマ人にとって東方は未知、未開の地だったということです。

ローマ帝国の滅亡とイスラーム

広大な商業ネットワークを築き、栄華を極めたローマ帝国でしたが、476年、ゲルマン民族の侵入によって滅亡します。ただし古代世界の中心は、この頃にはすでにイタリア半島から地中海東部へと移っていました。それが、ビザンツ帝国（東ローマ帝国）です。

すでに述べたように、ローマ帝国の領土は西アジアにまで広がっていましたが、地中海を「われらが内海」と呼んだことに示されているように、地中海はローマの領土といえました。ですが、それがゲルマン民族の移動により崩れたのです。

6世紀になると、ビザンツ帝国の皇帝ユスティニアヌス1世が地中海世界の再統一を果たします。ところが7世紀になると、ビザンツ帝国および地中海世界の統一を脅（おびや）かすものが現れます。イスラーム勢力が台頭してきたのです。

ここで念のため、イスラームの歴史をごく簡単に確認しておきましょう。

イスラーム教の開祖であるムハンマド（570〜632）は、40歳頃から神の啓示を受けるようになりました。自らを「最後にして最大の預言者」（神のメッセージを人々に伝える人物）といわれたムハンマドは、自分の居住地であるメッカ（マッカ）の人々にアッラーを唯一の神として崇拝し、神の恩寵と、それに対する信仰と善行の義務を説くようになりました。

その教えが広まり、ムハンマドは史上初めてアラビア全土の諸部族を統一することに成功します。その後、６３２年にムハンマドが没してからも、イスラーム勢力は信じられないほど急速に興隆していきました。

ムハンマドの後継者カリフが治めていた正統カリフ時代（６３２〜６６１）からは、ウマイヤ朝へと領土を大きく拡大しました。ただし、この時点ではまだアラブ人が優遇されており、非アラブ人がムスリムに改宗しても、アラブ人と同等の権利をえることはありませんでした。イスラーム教は、アラブ人のための宗教という面が強かったのです。

この状況を大きく変えたのは、７５０年にウマイヤ朝を滅ぼしたアッバース朝でした。アッバース朝は「すべてのムスリムための王朝」へと変貌しました。この現象は、「アッバース革命」と呼ばれます。

イスラーム諸王朝は、商業を重視しました。インドから中国、さらに東南アジアにかけての海上貿易で、ムスリム商人は大きく活躍します。シルクロードで活躍していたソグド商人もムスリムに改宗します。ユーラシア世界の商業で、ムスリム商人は大活躍したのです。たとえば中国の福建省の泉州には、唐代初期からムスリム商人が訪れていたことがわかっています。彼らは、それ以降中国への進出を進めます。

かつてローマ帝国のものであったアフリカ東岸、さらにはイベリア半島なども、イスラームの領土になりました。そして、この時期以降、ヨーロッパへは、イスラームを通じてさまざまな文物がアジアから流入することになるのです。ローマ帝国時代の地中海商業が有していた統一性は、このときには、かなり弱くなっていたといえます。

ヨーロッパにおける「商業の復活」

イスラームの進出により、ヨーロッパ商業は大きな打撃を受けました。

ヨーロッパ史研究には、イスラーム勢力が地中海に進出したことで衰えたヨーロッパ商業が、11世紀から12世紀になると復活してきたという学説があります。これを、「商業の復活」といいます。

北イタリアのヴェネツィアやジェノヴァなどの商人が、レヴァント貿易（地中海東岸地域との貿易）をおこなうようになり、香辛料などをヨーロッパにもたらすようになったことで、地中海貿易がふたたび活発になりました。

しかも、北イタリア商人はこの時期、フランドル（北フランスの一部とベルギーとオランダ）を中心とする北ヨーロッパの諸都市との交易を開始しています。その影響により、イタリアと北ヨーロッパを結ぶ内陸交通路が発達し、さらにフランス北東部でシャンパーニュ大市が開かれるなど、内陸諸都市も発展しました。

そのためイスラームの侵入によって絶えていたヨーロッパの貨幣経済には活気が戻ります。それによって都市人口が増加し、都市が復活した——というのが「商業の復活」の概要です。

この学説には、ある程度説得力がありますが、私には疑問があります。

それは、新たに急速に構築されたイスラームの経済圏から、ヨーロッパが自立的だったという認識が根底にあることです。イスラーム勢力の強さを考慮するなら、ヨーロッパはイスラームの商業ネットワークの一部に含まれていたと見るべきなのです。

地中海商業は「復活した」というより、主としてイスラームの力により続いていたと見るべきではないかと、私は思います。

さて、香辛料に話を戻しましょう。

「イスラームの世紀」ともいえる7世紀以降、ムスリム商人による香辛料貿易は、どんどん活発になりました。

7世紀末になると、ムスリム商人はラクダを中心とする長大な隊商を組んで砂漠を横断し、船団を組んで海を航海し、自分たち自身で輸送するようになります。そのなかには、シルクロードで活躍したソグド商人も含まれていました。

ムスリムの商業活動による膨大な利益は、文学、科学、医学などイスラーム社会の他の分野に投資され、それらの発展に大きく寄与したものと思われます。

こうしてイスラームは経済的のみならず、科学的・文化的にも飛躍的な発展を遂げることとなったのです。

たとえば、イラン人医師のイブン・シーナーは、香辛料やハーブの有効成分を使用した医薬品の調合をはじめました。それのみならず、9世紀から10世紀にかけて、アラブの医師たちは、香辛料やハーブを使ってシロップや香味エキスの製造法の開発に勤(いそ)しんでいました。

香辛料は、トルコやイラク、イラン、アフガニスタン、南アジアを経由し、シルクロードを横断してヨーロッパに輸送されるようになりました。東南アジアの香辛料がヨーロッパにもたらされるときには、ムスリム商人が活躍したのです。

海の都・ヴェネツィアが果たした役割

このようにイスラームが勢力を拡大させるなか、重要な役割を担うようになったのがイタリアのヴェネツィアです。

ヴェネツィアは、「海の都」と呼ばれることもあります。ヴェネツィアは、アジアから地中海に流入する産品の中継貿易地として機能していたのです。

1-5は、中世において香辛料がどのようなルートで輸送されていたかを示しています。中世の大部分を通じ、アジアからヨーロッパへの流通をめぐり競い合っていたのが、イタリアのヴェネツィアやジェノヴァ、ときにはピサなどの都市国家でした。

とくにヴェネツィアは、10世紀頃からビザンツ帝国の提携国として、東地中海の貿易で重要な役割を果たすようになっていきます。

第四回十字軍（1202～1204）で、ヴェネツィアは教皇軍に、本来の十字軍の攻撃対象であるイェルサレムではなく、コンスタンティノープルを攻撃させ、占領することに成

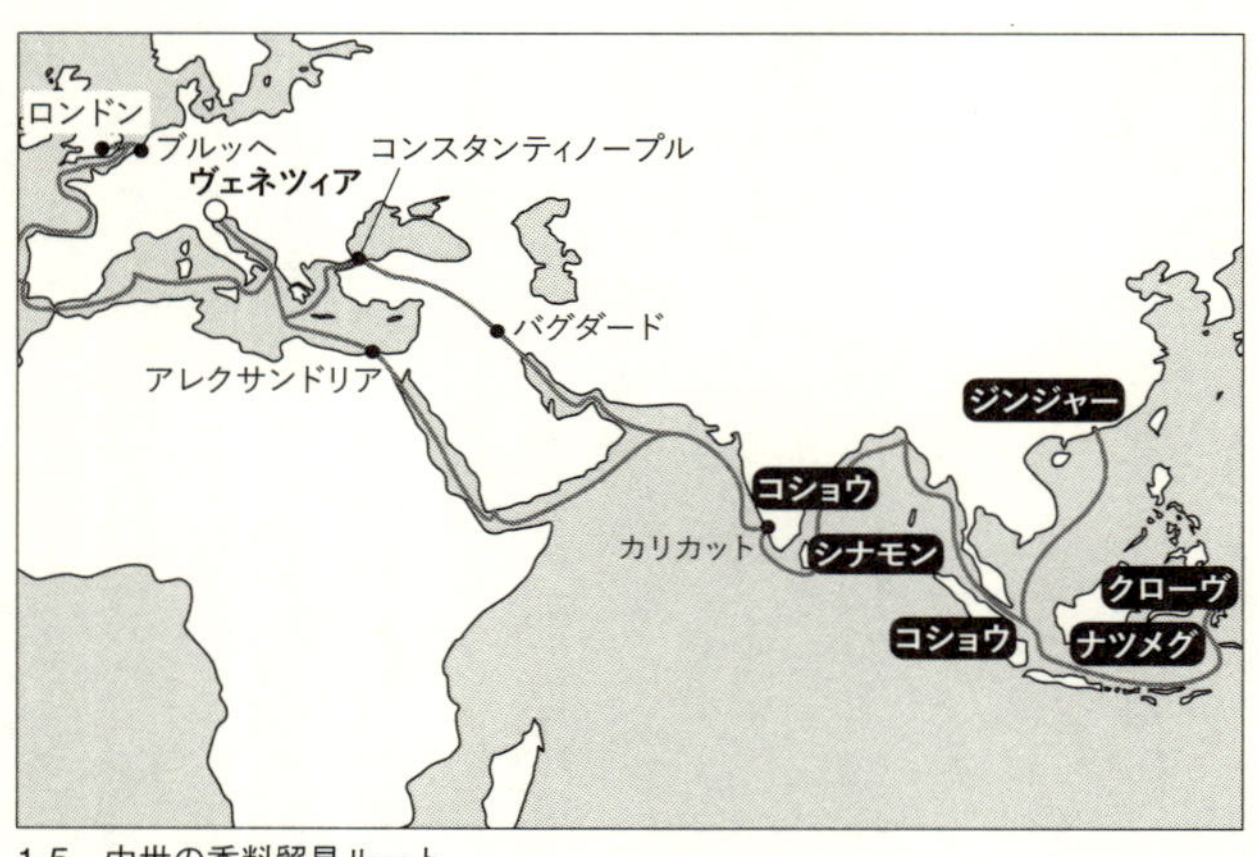

1-5　中世の香料貿易ルート

出典：https://caffeflorian.com/en/unveilling-the-spice-monopoly-a-culinary-odyssey-through-venetian-history/をもとに作成。

功します。以降、ビザンツ帝国の領土は大きく縮小し、ヴェネツィアは東地中海の貿易を手中にしました。さらに１２０７年にはコルフ島、１２０９年にはクレタ島を領有します。

ヴェネツィア人は、コンスタンティノープルからシリアやエジプトの主要な港までの流通網を支配します。そして香辛料が東南アジアやインドから中東へと流入したことで、最終的にヨーロッパに送られる多くの商品の輸送を担うようになりました。

こうしてヴェネツィアは、香辛料輸入の拠点となったのです。

当時の輸送航路を簡単に見てみましょう。

ヴェネツィアに輸入される香辛料は、ま

ず、ヴェネツィア市街のリアルト橋近く、運河沿いに展開されていたリアルト市場に到着します。

リアルト市場では、「メッセリ・デル・ペペ」（コショウの達人）と呼ばれる人々（中世からルネサンス期にかけて、ヴェネツィア共和国で活動した役人）が、輸入される香辛料の品質を監督していました。

ここを無事通過した香辛料は、さらにヴェネツィアからヨーロッパ全土へと輸送され、仕入値の何倍もの価格で取引されました。香辛料の売買においては「専売制」、すなわち商品やサービスが政府や特定の企業によって独占的に販売される制度が、14世紀にはすでに確立していました。

香辛料商人は薬剤師でもあった

ヨーロッパ内で香辛料の輸送を担っていた主要な商人は、先にもあげたヴェネツィア人やジェノヴァ人でした。それ以外に、スペインのカタロニア人、現フランス南部のプロヴァンス人などもいたようです。

彼らは、アレクサンドリアその他の東地中海の港で手に入れた香辛料を、ヨーロッパ全域に流通させました。香辛料は、彼らの商業ネットワークによってヨーロッパで広く売買されるようになったわけです。

13~14世紀のロンドンの史料には、70人の香辛料商人(「スパイサー」と呼ばれていました)がいたと描かれています。また、14世紀後半のスペインのバルセロナには、のべ115人の香辛料商人(こちらでは「エスペシエ」と呼ばれていました)がいたと記録されています。この人数の多さからも、ヨーロッパの香辛料市場の規模の大きさが窺われるでしょう。

ここで注目したいのが、香辛料商人は薬商人でもあったという事実です。当時のヨーロッパでは、彼ら香辛料商人は、認可された医薬品の調剤者、すなわち薬剤師としても働くことができました。

ロンドンでは、スパイス商人たちがギルドに組織され、最初は「ペパラー」(コショウ商人)として、少し後になると「スパイサー」(スパイス商人)および「アポセカリー」(薬剤師)として活動していたようです。

彼らは単に香辛料商人や薬剤師にとどまらず、社会的にも信用されていたようで、公的な要職につく者も少なくありませんでした。実際、1231年から1341年のあいだのロンドン市長のうち、9人はペパラーでした。

また、香辛料を使った医薬品のなかでも、南フランスの地中海側に位置するモンペリエの「テリアック」はとくに高く評価されていました。植物やハーブ、動物の成分、毒物など多成分の混合物であるテリアックは、当時、解毒剤としてさまざまな病気や疾患の治療に用いられていた万能薬です。

これも、卸売と小売の両方を兼ねていた南フランス全域の市場で、香辛料商人が扱っていたものです。モンペリエでは、香辛料を使った料理も多く生まれました。

中世ヨーロッパで香辛料を取引していた商人たちは、商人であると同時に薬剤師でもあったのです。中世において両者を現実に区別することは適切ではなく、香辛料とは医薬品とほぼ同義でした。

では、中世の香辛料商人（薬剤師）たちが、どのような商品を扱っていたのか、もう少し詳しく見ておきましょう。

香辛料商人といっても、取扱商品は香辛料以外にもおよんでいました。

つまり、食用の香辛料、医薬品、さらには甘味、リキュール、蠟（ろう）、紙、インク、パスタや火薬などを扱っていました。ちなみに、ここでいう甘味とは、砂糖がけの果物やナッツ、香辛料あるいは、砂糖や蜂蜜を主成分としてナッツや果物などが混ぜられた菓子「ヌガー」などを指しています。

当時の商人が残した在庫一覧を見ると、さらに詳しいことがわかります。

たとえば、イタリア・ペルージャの香辛料商人（１４３１年没）が残した商品在庫には、コショウや生姜といった食用香辛料だけでなく、おもに薬用だったドラゴンの血、沈香、マスティック油、珊瑚、さらには「ミロバラン」なる商品が記録されています。

インドから輸入されていたミロバランは、プラムなどの果物の種子を乾燥させたもので、下剤として、また過剰な胆汁や痰を排出し、「冷たい」胃を温めるために使用されていた医薬品です。

また、同じ頃にフランスのディジョンで死亡した薬剤師の店には、24種類の「香辛料」がストックされていました。「香辛料」といっても、そこには真珠、珊瑚、沈香、ミロバラン、樟脳、鯨腸香、乳香など、多数の薬用品が含まれていました。真珠、珊瑚といえば現代では宝飾品ですが、当時は薬剤として使用されていたのです。そして、前に述べたように、香辛料と薬剤のあいだに明確な違いはなかったのです。

さらにスペイン・バルセロナのある店について、１３５３年に作成された在庫リスは、100種類以上の異なるハーブ、香辛料、香水、オイル、その他の調合品が記載されています。ここからも、香辛料商人は同時に薬商人であったことがわかるでしょう。

ところで、当時、とくに高値で取引されていた香辛料が何だったか、想像できるでしょうか。

その一つは生姜でした。生姜は、フランス全土、さらには国境を越えて販売されており、その価格は、他の地域で売られていた菓子の2倍だったともいわれています。

逆に、意外かもしれませんが、中世ヨーロッパでは、コショウは比較的安価になっていました。それに対し、樟脳はコショウの3倍、鯨腸香は5倍、麝香（じゃこう）は25倍と非常に高価でした。


香辛料が中世のヨーロッパにおいてどれほど重要だったかということは、言葉そのものにも表れています。

たとえば、英語の grocer という言葉は、もともと大量（つまり「グロス」な量）を扱う香辛料商人を指す言葉でしたが、だんだんと意味が拡大し、あらゆる種類の食品を扱う人を指すようになりました。

フランス語でも、これに似たことが起こっています。もともと「香辛料（épice）商人」を意味していた épicier という単語は、やがて、小さな食品店のオーナーを意味するようになりました。

遠いアジアからもたらされた香辛料は、食用として、あるいは薬用として、中世ヨーロッパ人の生活にすっかり浸透していたわけです。元来は富裕層しか入手できなかった香辛料ですが、やがては庶民の手にも届くようになっていきます。

ヒポクラテスも認めていた「医薬品としての香辛料」

前項で述べたように、中世において香辛料とは医薬品でもありました。

ここで香辛料と医学の歴史を繙く（ひもとく）と、古代ギリシアにまで遡り（さかのぼり）ます。「医学の父」と呼ばれたヒポクラテスをはじめ、当時のさまざまな医学書には、香辛料に関する記述が散見されるのです。

古代ギリシアの古典は必ずしもギリシア語からラテン語に直接翻訳されたのではなく、ギリシア語からアラビア語に翻訳され、そこからラテン語に翻訳されたものも多かったのです。

ギリシア語からアラビア語への翻訳は、８世紀後半にアッバース朝の首都バグダードで、アラビア語からラテン語への翻訳は、主としてスペインのトレドでおこなわれていました。13世紀、ヨーロッパで最初の大規模な医学大学がモンペリエに設立されますが、そのカリキュラムでベースとされていたのは、アラビア語からラテン語に翻訳された医学書でした。

意外な事実ですが、中世においては砂糖も香辛料として認識されていました。というのも、砂糖には医薬的効果があると思われていたからです。

中世の薬理学のテキストのなかでもっとも有名なものは、おそらく南イタリアのサレルノ医学校の高名な医者であったマットテウス・プラテリウスが１１６０年頃に著したとされる『薬物について（*Circa Instans*）』でしょう。

同書のフランス語版を見てみると、たとえばコショウについて、「黒コショウをイチジクと一緒に煮込んだワインは、胸と呼吸器官から厚い粘着性の痰を取り除き、風邪による喘息に非常に効果的である」とあります。そのほか、生姜は胃痛に、シナモンは食欲の回復に、クローブは子宮の痛みに効くなどと記されており、当時の香辛料が医薬品として広く用いられていたことがわかります。

このような医薬品としての香辛料は、香辛料商人たちによってヨーロッパ各地で売買され、流通していました。

ただし、すでに述べた通り、当時のヨーロッパ人は、アジアから自分たちの手で香辛料を輸入していたわけではありません。ムスリム商人が香辛料を東南アジアやインドから輸送したからこそ、香辛料はヨーロッパで幅広く重用されるようになったのです。

他方、イスラーム世界でも、香辛料は食用だけでなく薬としても用いられていました。イスラームの医療行為は、ローマ帝国時代の医者ガレノスの「病人は適切な食品と香辛料の混合物を摂取することで健康になる」という信念にもとづいていました。ガレノスは人体の健康と病気を体液（humor）のバランスによって説明しようとしました。

彼の理論では、体内には4種類の体液が存在し、それぞれのバランスが重要だとされていました。イスラーム世界の医師たちは、ガレノスの技術を発展させ、体液のバランスを正常に戻すシロップ薬を開発します。それらの主要成分は、コショウ、シナモン、生姜、クローブ、ナツメグ、サフラン、メースなどでした。

古代ローマ——エキゾチックな料理のはじまり

ここまで、古代から中世にかけて、香辛料がどのようなルートを通ってアジアからヨーロッパにもたらされてきたのかを見てきました。では、アジアから輸入した香辛料を、ヨーロッパ人は、どのようにして食していたのでしょうか。最後にこの点をまとめてお話しして、本章を締めくくることにしましょう。

まず、古代ローマです。

高貴なローマ人の料理は、中国産の生姜やインド産のコショウなど、エキゾチックな味付けのものが多かったようです。とくにインドコショウはローマ人に人気があり、それだけ非常に高価でもありました。

彼らはテーブルにずらりと並べられた乳香、没薬、シナモンの花、生姜、カルダモンなど、さまざまな香辛料を使って、料理に自分好みの風味を加えていました。

ローマは、はるか遠く離れたアジアから香辛料を輸入していました。輸送コストが非常に高かったわけですから、香辛料の価格は原産地の価格よりも大きく上昇したはずです。しかも、ローマはアジアの香辛料に関税をかけていました。

この二重の要因によって売値が跳ね上がった香辛料は、庶民には縁遠く、高貴な身分の人たちだけに許された贅沢品でした。それは、「スパイス」という言葉にも表れています。古代ローマ史家の樋脇博敏（ひわきひろとし）が述べている「スパイス」の語源を紹介しておきましょう。

中国や東南アジアの国々からは、桂皮、チョウジ、ジンジャー、ナツメグ、ターメリック、白檀、樟脳などが、インドからは、カルダモン、シナモン、白檀、ゴマ、ターメリック、コショウなど、中東や東アフリカからは、バルサム、乳香、ミルラ、ジンジャーなどがもたらされていました。ただし、長距離を運ばれてきたスパイスの多くはかなり高価だったので、ほとんどは庶民の食卓とは縁遠いものでした。英語の spice の語源が、ラテン語で「特別のもの」を意味する species に由来するのも肯けます。

（樋脇博敏『古代ローマの生活』）

しかし帝政の時代になると、ローマとインドとの貿易量が増大していったことで徐々に変化し、一般の人々にとっても手が届くものになっていきます。

現在のフランスに当たる地域で古いコショウ入れが多く見つかっていることからも、コショウがヨーロッパの庶民の間でも広がっていたと推測できます。それはもちろん、ローマも例外ではなく、時を追うごとに豊かになっていったローマ市民も、香辛料を楽しめるようになりました。

なかでも一般の人々のあいだで圧倒的に人気が高かったのは、やはりコショウだったようです。古代を過ぎて中世になると、さらにコショウの価格は下がり、もっとも安価な香辛料の一つになっていきました。

ところで、先ほど挙げた「インドとの貿易の増大」の他に、庶民が日常的に香辛料を買えるようになった要因が、もう一つあります。

それはローマが広大な属州をもつ帝国となり、ローマ人が属州を収奪することによって可処分所得を高めたことです。ただし別の面から見るならば、これは、属州を失ったときにローマの繁栄が終わりを告げることを意味していました

中世ヨーロッパ――「富の象徴」としての香辛料

次に、中世ヨーロッパでは、香辛料はどのようにして、あるいは何のために使用されていたのでしょうか。

香辛料の歴史に詳しい歴史家のポール・フリードマンは、次のように述べています。

香辛料は、薬や疾病予防としてとくに効果的であると考えられており、宗教的な儀式で香として焚かれたり、香水や化粧品に蒸留されたりしていた。裕福な消費者によって貴重な消費財として珍重された香辛料は、物質的な快適さと社会的な地位の象徴であった。

（Paul Freedman. *Out of the East.*）

つまり中世ヨーロッパにおいて、香辛料は宗教的儀式や高価な消費財、そして医薬品として使用されていたということです。

また中世の史料には、次のような記述が見られます。王侯貴族のあいだでは、香辛料は大量に消費されていたようです。

・1194年、イングランド王を訪問したスコットランド王は、1日4ポンド（約1.8kg）のシナモンと2ポンド（約900g）のコショウを受け取った。

・イギリス貴族に愛されていたヤツメウナギには、コショウの効いたソースがつきものであり、イングランド王ヘンリ1世は、1135年、コショウまみれのヤツメウナギを大量に食べて、中毒死したようだ。

・1264年、聖エドワードの饗宴（きょうえん）で出されたソースには、15ポンド（約7kg）のシナモン、12ポンド半（約5・5kg）のクミン、20ポンド（約9kg）のコショウが使われていた。

・1476年にバイエルン＝ランツフート公爵が結婚した際、その祝宴には205ポンド（約93kg）のシナモン、286（約130kg）ポンドのジンジャー、85ポンド（約40kg）のナツメグが使用された。

当時の人々の食費に占める香辛料の割合について、英文学者の石井美樹子（いしいみきこ）は次のように述べています。

全収入の三分の一にあたる飲食費のうち、ワインとスパイスの占める割合は一六パーセントほど。ワインをのぞくと、スパイスは五パーセントほどだったという。この数字から察するに、特別の場合をのぞいて、領主といえども、金よりも高価だったといわれるスパイスを日常用いることはなかったと思われる。

（石井美樹子『中世の食卓から』）

このように、いくら裕福でも常食はできない贅沢品だった香辛料ですが、宴会のときは事情が別だったようです。

石井はまた、「客人に敬意を表し、かつ自分の地位と財力を誇示するのに、スパイスにまさるものはなかったから、宴会の食卓には、スパイスがふんだんに供された」と述べています。香辛料は自らの財力をアピールする有効な手段でもありました。

肉、魚、スープ、甘い料理、さらにはワインの風味づけに至るまで、中世の美食にはスパイスがつきものであり、レシピの75パーセントに香辛料が使われていたとまでいわれています。香辛料は料理を美味しくするだけでなく、食品が本来もつうま味をさらに引き出すと信じられていました。

宴会では、客人に「香辛料の盛り合わせ」が配られるのが一般的でした。すでに料理の味付けは濃厚でしたが、客人は、その香辛料の盛り合わせから好みの香辛料を選び、料理に加えて楽しんでいたといいます。

そして大航海時代がはじまる

ヨーロッパは長期間にわたり、イスラーム勢力の大きな脅威を受けてきました。それに対し、ヨーロッパは基本的に受け身だったといえます。十字軍の敗北により、むしろヨーロッパは、自分たちの無力さを痛切に感じたことでしょう。

そのためもあってか、ヨーロッパでは「プレスター・ジョンの伝説」が広まりました。「プレスター・ジョンの伝説」とは、東方のどこかにキリスト教徒の王がいて、自分たちを助けてくれるという伝説です。ヨーロッパ人が残した東方への旅行記には、プレスター・ジョンのことが書かれたものがいくつか見受けられます。冒険家のマルコ・ポーロも、『東方見聞録』において次のように言及しています。

元来タルタール人の住所はもっと北方、チョルチャ及びバルグーに隣接する地であった。その地方は都市・集落はもちろんのこと、定住者の姿も見受けられない一面の大平原で、ただ良好の牧地が連なり数条の大河が貫流する水分の豊かな土地であった。彼らの間には、当時まだその統治に当たる王が出現せず、ために彼らはウンク・カンと呼ぶ強力な帝王に貢物を納めていた。このウンク・カンこそは、フランス語でプレストル・

ジョアンと言い、世界中だれ一人としてその強大さを知らぬ者のない、かのプレスター・ジョンその人である。

（マルコ・ポーロ『東方見聞録』）

古代のヨーロッパでは、先ほど紹介したプリニウスの『博物誌』にも見られるように、遠いアジアの地には自分たちとはまったく異なる奇人変人や食人種がいると信じられていました。それが中世になると、「キリスト教徒の王が制圧する対象」という、また別の見方から描かれるようになったのです。

このようにアジアへのイメージ自体は変化したものの、共通していたのは、ヨーロッパ人が、まだ、その目で直接アジアを見たことがなかったことです。

香辛料貿易は前10世紀にはもうはじまっていたとはいえ、古代のメソポタミアやエジプト、ギリシアでは、香辛料の輸入量はきわめて限定的でした。

それがローマ時代になると、人々の可処分所得が増えたことにより大幅に増加します。ローマ人の可処分所得は、属州を収奪し、ローマに富がもたらされるようになったために上昇したと思われます。

中世になると、輸入量はさらに増え、高貴な人々だけでなく庶民の食生活にも、さまざまな香辛料が取り入れられるようになりました。

中世のヨーロッパ経済は、明らかにアジア経済よりも低い水準にありました。ヨーロッパ人は、料理を美味しくするうえに薬効もある香辛料を求めていましたが、その量はアジアで消費される量よりもずっと少なかったと考えられています。

高緯度にあるヨーロッパはもともと植生が貧しく、他地域の食材を必要としていました。その代表格ともいえる香辛料をより多く獲得するため、ヨーロッパ人は、いよいよ自ら海外に進出することを試みます。大航海時代の到来です。

第2章　香辛料貿易とヨーロッパの拡大——大航海時代の幕開け

大航海時代とは何か

大航海時代は、欧米では「大発見の時代」と呼ばれています。

これはヨーロッパ人が世界各地を航海し、新世界を「発見」していったことに由来します。この「大発見の時代」という意味は、ヨーロッパ人による「発見」ということであり、西洋中心史観が色濃く現れているため、日本では大航海時代といわれるわけです。

では、ヨーロッパ人はなぜ、世界各地を航海することになったのでしょうか。その大きな理由の一つに、香辛料の獲得があります。

前章で見てきたように、もともと香辛料は東南アジアやインドから、ムスリム商人が輸送のほとんどを請け負っていました。紅海やペルシア湾に持ち込まれた香辛料は、アレクサンドリアで陸上げされ、さらにそこからイタリアまで輸送され、イタリア商人はヨーロッパの諸地域にそれを流通させていたにすぎません。

それに対し大航海時代におけるポルトガルは、自国船で自ら東南アジアまで赴き、そこから香辛料を自国まで輸入していたのです。イスラームのネットワークを介さず、自国船で直(じか)に香辛料を輸送したという点に、中世とは異なる大航海時代の特徴があります。

大航海時代は、経済力がより強かったアジアにヨーロッパが挑戦し、やがてヨーロッパが世界支配をする時代のはじまりです。そのため、アジアの香辛料を求めるヨーロッパの人々の旅路は、ときには残虐な戦争と化すこともありました。

本章では、大航海時代におけるヨーロッパのアジア進出のプロセスを、香辛料貿易の展開に沿って具体的に見ていきます。まず大航海時代の火蓋(ひぶた)を切った稀代の冒険家たちが、当時のアジア世界をどう認識していたのかということからはじめましょう。

マルコ・ポーロと香辛料

マルコ・ポーロ（1254～1324）は、ヴェネツィア生まれの旅行家です。商人の家に生まれ、1271年に父と叔父とともにアジアに向かい、以後24年間にわたってアジア各地を旅行したとされます。帰国後、ジェノヴァとの戦争に志願し、捕虜となって投獄されました。このときに囚人仲間にアジアでの経験を話し、それが後年『東方見聞録』としてまとめられたのです。

マルコ・ポーロは、アジアについて、きわめて多くのことを記述しました。彼は、日本、ビルマ、インドシナ、インドネシアについて、ヨーロッパ人として初めて伝えた人物です。インドを訪れたことが知られている最初のヨーロッパ人であり、東方の遠くの平和な絹織り

2-1　マルコ・ポーロの行程図

職人のあいまいな寓話とは異なる中国を記述した最初の人物でした。

マルコ・ポーロは、モンゴル帝国が貿易を保護し、人々の移動を保障したからこそ長い旅ができました。したがって『東方見聞録』は、「モンゴルの平和」（パクス・モンゴリカ）の所産だといえるでしょう。

香辛料貿易に関するマルコ・ポーロの重要性は、とくにインド以外の香辛料を産出する土地、なかでも現在のインドネシアの多数の島々について記述したことだと思われます。マルコ・ポーロによると、これらの島々は香辛料をもっとも多く生産し、しかもその種類ももっとも多い地域でした。

そのなかでも、ジャワ島は世界の香辛料の源泉の地であり、インドよりも重要であるとマルコ・ポーロは記述しました。とくに重要な香辛料として、コショウ、ナツメグ、スパイクナード、ガランガル、キューブ、クローブをあげています。

現実にはコショウ生産はインドネシアのスマトラ島に集中しており、ナツメグとクローブはいくつかの小さなモルッカ諸島で生産されていました。その点では誤っていたマルコ・ポーロですが、ジャワ島とインドネシア諸島がどこにあるか記述したことは、当時のヨーロッパ人にとって非常に大きな前進だったのです。


マルコ・ポーロがヨーロッパに戻った1295年は、十字軍の拠点アッコンの陥落が1291年に起こった直後であり、モンゴルとの軍事同盟の望みが薄れつつある時期でした。十字軍王国が終焉（しゅうえん）を迎えると、教皇庁はイスラーム勢力とのすべての貿易を禁止しましたが、この禁止令はヴェネツィア人、ジェノヴァ人らによって頻繁に破られました。貿易を続けることこそが彼らにとってもっとも重要なことであり、それを止めることは教皇をもってしても不可能だったのです。

ともあれ、マルコ・ポーロの『東方見聞録』によって、ヨーロッパ人は、初めてどこにどういう香辛料があるのかが明確に――といっても、現在の視点から見るなら間違いも多いのですが――知ることができるようになりました。

これはヨーロッパの人々にとってアジアがまったくの未知の地であり、ついぞ直に目にすることもなかった中世からの大きな変化でした。

ニッコロ・デ・コンティのインド渡航

マルコ・ポーロほど有名ではないですが、ニッコロ・デ・コンティ（１３９５～１４６９）というヴェネツィアの探検家もいました。彼の話は、著名な世界地図であるフラ・マウロの地図の作成の際に強く影響したといわれています。

コンティは、１４１９年から約25年間にわたり、中東、南アジア、東南アジアなどを旅行したといわれています。その壮大な旅程は、おおむね次のようなものです。

・ダマスカスからアラビア北部の砂漠、さらにはユーフラテス川、メソポタミア南部をへてバグダードに到着する。そして船に乗り、チグリス川を下ってバスラとペルシア湾の突端まで航海する。

・ペルシア湾を下ってオルムズまで行き、ペルシアのインド洋沿岸を沿岸航行すると、次はインドの西海岸をエリーまで下り、内陸に入ってヒンドゥー国家の首都ヴィジャヤナガルに向かう。

・ヴィジャヤナガルとトゥンガブドラー川から、マドラス（現チェンナイ）近郊のマリアプールへと旅行する。

マリアプールという地域は、全インドに散らばっていたネストリウス派キリスト教徒のもっとも神聖な聖地でした。その著書のなかで、コンティは、マリアプールの次にセイロン島について触れ、シナモンの木について非常に正確な説明をしています。

また、往路では、スマトラ島で1年間滞在し、その残酷で残忍な人食いをする先住民について、またこの地の樟脳、コショウ、金について、かなり詳しい知識をえました。コンティの旅はまだ続きます。

2-2　フラ・マウロの世界図

・スマトラ島から16日間の嵐の航海をへて、マレー半島の付け根に近いテナセリムに到着し、その後ガンジス川を上り降りし、バードワンとアラカンを訪れ、ビルマに入り、イラワディ川を航行してアヴァに至る。

・ペグーでしばらくすごした後、ふたたびマレー諸島に入り、ジャワ島で9カ月間滞在する。その後、チャンパから1カ月の航海で、インドの最南西にあるクーラムかクィロンに到着したらしい。そこからコチン、カリカット（コーリコード）、カンベイを経由して帰路につく。

・主としてネストリウス派のキリスト教徒が今も住んでいると記述しているソコトラへ、「その建造物で注目に値する」アデンの「豊かな都市」へ、メッカ（マッカ）の港であるギッダまたはジッダへ、砂漠を越えてカラスまたはカイロへ、そしてヴェネツィアへと向かい、１４４４年に到着する。

東方からの帰途、メッカ（マッカ）を通過中にイスラームへの改宗を余儀なくされたコンティに対して、ローマ教皇エウゲニウス4世は、その懺悔（ざんげ）のために、教皇庁書記官のポッジョ・ブラッチョリーニにコンティ自身の歴史を語るよう命じました。

その話は、インドの人々の生活、社会階級、宗教、流行、風俗、習慣、さまざまな種類の特殊性に関するポッジョの質問に対して、コンティが入念な回答をするという形式がとられており、内容は多岐にわたりました。

ガンジス渓谷の竹、ビルマやその他の地域の象の捕獲、飼いならし、飼育、刺青（いれずみ）と文字の葉の使用、さまざまな果物、とくにジャックフルーツとマンゴー、マラバールの多産、葬式、狂信者の自虐と焼身自殺、魔術と航海術などです。

こうした話をつぶさに記した『インディア・レコグニタ』は、全体として、15世紀のヨーロッパ人による南アジア、とくにインドに関する記述としては最高のものでした。

アフリカの金を求めて

中世のヨーロッパはイスラーム勢力に囲まれていましたが、ヨーロッパ人はイスラーム勢力の出処（でどころ）の一つであるアフリカの金を必要としていました。というのは、ヨーロッパにおける金の生産量は14世紀に上昇したものの、消費量は、それ以上に急速に拡大したからです。

14世紀後半になると、経済が成長したヨーロッパの金需要が増加しました。それにともない、金を産出する西スーダン経済も活発化します。すでにマムルーク朝（現エジプト）の初期において、西スーダンと中央スーダン諸国との貿易網が発達しており、ヨーロッパはマムルーク朝を通してスーダンの金を輸入していました。

この当時、ヨーロッパ人が西アフリカの金を入手するには、北アフリカのベルベル人によるサハラ縦断交易を利用する以外の方法はありませんでした。したがってアフリカ産の金を独自に入手するためには、ヨーロッパ人は海路を使うほかなかったのです。

このような動きの先頭に立ったのは、ポルトガルのエンリケ航海王子（１３９４～１４６０）でした。ポルトガル人は、イスラームの手をへず、西アフリカから金を直接入手しようとしました。

まず１４１５年、アフリカ大陸北端のセウタを植民地とします。これは、ヨーロッパの国が海外に築いた最初の植民地でした。その後、ポルトガルは、アフリカ大陸をどんどん南下していきました。１４４４年にはアフリカ大陸西端のヴェルデ岬に到達します。

このときからポルトガルは、金を自力で入手できるようになりました。１４８０年になるとマリ帝国の首都であったトンブクトゥに達します。トンブクトゥにおいても、金は主力商品として盛んに取引されていました。

そして１４８８年、よく知られている通り、ポルトガル人のバルトロメウ・ディアスが、ヨーロッパ人として初めて喜望峰に到着するのです。さらに１４９０年、ポルトガル人はアンゴラ海岸部ルアンダに植民し、ここに奴隷貿易の拠点を築きました。

ポルトガルとスペインのアジア進出

ポルトガルは、海上ルートでギニアから金を輸入することを主要な目的として、アフリカに出航しました。しかし彼らの航海はそれにとどまらず、やがて遠く離れた未知の地域にまで長い海の旅をするようになりました。大航海時代のはじまりです。

大航海時代の先頭に立っていたのもポルトガルでした。これは同じイベリア半島に位置するスペインにとっては喜ばしい事態ではありませんでした。そこでスペインは、ポルトガルが遠征した地域で妨害をするために船舶を送ります。

これをきっかけとしてスペインとポルトガルのあいだに衝突が起こり、それを解決するために、１４７９年、アルカソヴァス条約が結ばれます。そこではスペインが領有するのはカナリア諸島、ポルトガルが領有するのは、アフリカ沿岸、マデイラ諸島、アソーレス諸島、カボヴェルデ諸島と取り決められました。

アルカソヴァス条約は、世界の分割を教皇が決めることができるということを宣言するものでした。このようにきわめて乱暴な条約が結ばれた根底には、ローマ教会は神の代理であり、神の創造物である土地の領有も、教会が決める権利があるという奇妙な理屈がありました。

現代の感覚からすると無茶苦茶ですが、ヨーロッパにおいては、それがまかり通っていたのです。

ポルトガルはアジアへの進出を進め、アジアの主要な地域をポルトガルが領有することになりました。ポルトガルがアジアに進出した理由の一端が、ここに見出せます。それは同時に、スペインにとっては大きな経済的損失を意味しました。

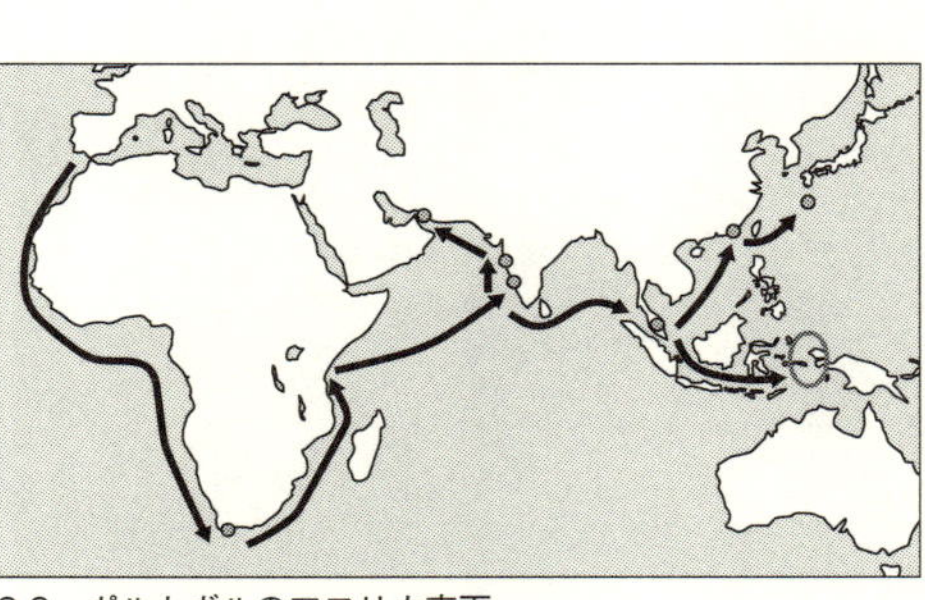

2-3　ポルトガルのアフリカ南下

１４９２年にスペインの援助を受けたコロンブスにより新世界が「発見」されると、人々は、さらに急速に大航海時代の波に飲み込まれていくことになります。海や島々の領有をめぐるポルトガルとスペインの状況にも、また変化が生じました。

同年、教皇アレクサンデル6世によって、「教皇子午線を境界として、西側をスペインに優先権をもたせる」と決められます。それにポルトガルが反対したため、2年後の1494年、境界線を西側に1900kmほどずらすということで両国が同意し、トルデシリャス条約が結ばれることになりました。

ところが1522年にマゼラン一行が世界一周を果たすと、球体である地球を一本の線で分割することはできないということが判明します。トルデシリャス条約は西半球に分割線を引いたのみであり、東半球については無規定だったのです。

そこで1529年、東経145度30分を通過する子午線によって分割され、西側はポルトガル領、東側はスペイン領となりました。これをサラゴサ条約といいます。

ポルトガルのアジア貿易においては、東南アジアのモルッカ諸島を占領することが何よりも大切な課題でした。というのも、宿敵スペインが太平洋経由でモルッカ諸島に到達することを目指していたからです。

つまりスペイン・ポルトガル両国にとって、貿易の要衝となりうるモルッカ諸島の領有は最大の関心事だったわけですが、サラゴサ条約の新たな分割線により、モルッカ諸島はポルトガル領になりました。

こうして東南アジアのほとんどをポルトガルが領有し、ポルトガルは貿易で大きな利益を手にしていくのです。

このような結果になったのは、ポルトガルに巨大な軍事力があったこと、さらには大航海時代を経験し、東南アジアの人々よりもすぐれた航海技術をもっていたからでしょう。

ポルトガル人は、喜望峰をへてアジアに航海しました。それは、当時の人々にとって気が遠くなるほどの距離でしたが、ポルトガル人が身につけていた航海技術は、間違いなく東南アジアの人々のそれよりも上でした。

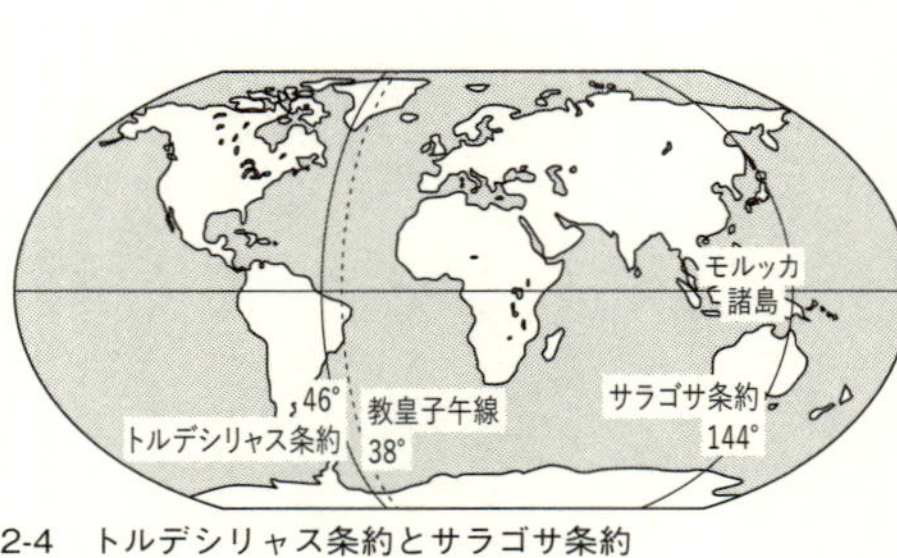

2-4　トルデシリャス条約とサラゴサ条約

そもそも中国人は内向き志向であり、15世紀初頭に中国人で宦官（かんがん）の鄭和（ていわ）がアフリカ東岸に達してからは、ほとんど遠洋航海をしていませんでした。こうした経緯により、かつてはヨーロッパ人にとってはるか遠き未知の領域であったアジアの海は、だんだんとヨーロッパ人の海となっていったのです。

着々とアジアに拠点を築くポルトガル

ポルトガルが東南アジアのほとんどを領有することになったサラゴサ条約から遡ること約30年、１４９８年にはヴァスコ・ダ・ガマが率いる艦隊がインド西岸のカリカット（コーリコード）に到着します。

ポルトガルがアジアへの進出を急速に進めたのは、この前後からのことでした。

ポルトガル国王マヌエル1世は、１４９７〜１５０６年のあいだに合計8回、インド遠征隊を送っています。１５０３年、インド総督アフォンソ・デ・アルブケルケ率いる11隻の艦隊が、カリカット軍に占領されたコチンの援助に向かい、カリカット軍を撃破しました。そして、クィロンに商館を建てました。

１５０５年、１５００名の船員とともにポルトガルを出航したフランシスコ・デ・アルメイダは、インドでキルワを植民地化し、要塞を建設します。アンジェディヴァ島、カナノール（カンヌール）、コチンにも要塞をつくりました。

ポルトガルの進出はアジアだけにとどまりませんでした。１５０９年には、アルブケルケがディウの海戦でイスラームのマムルーク朝艦隊を破り、ポルトガルのアラビア海支配は決定的になりました。ムスリム商人に残された最後のインド西岸の重要拠点がディウだったからです。

さらにアルブケルケは1510年にはゴアを占領し、強固な要塞を建設します。その後、ゴアは、ポルトガルのインドにおける拠点となりました。ゴアを占領したアルブケルケは、さらに東南アジアに向かい、1511年にはマラッカ王国を滅ぼします。

東南アジア史家の石井米雄(いしいよねお)によると、マラッカ海峡は、東西の交通が交わり、そこで取引されるものに「珍物」「宝貨」でないものはない土地として、ヨーロッパ人の賞賛を集めていました。西方からは綿布など、東インドからは香辛料、中国からは絹布や陶磁器などと、方々の物産が集まって交換される条件を備えていたからです。

それをもって石井は、「ポルトガルのマラッカ占領とマラッカ海峡交易の独占は、ビルマ南部の諸港と北スマトラとの結び付きをつよめ、あるいはマレー半島横断路を媒介とする貿易中継地としてのアユタヤの重要性を高めるなどの結果を生みだした」と記しています。

スペインはどうか

ポルトガル出身のスペインの航海者マゼランをはじめとする一行は、1519〜1522年に3年ほどかけて、世界一周航海に成功します。マゼラン一行はポルトガルとは異なり、ヨーロッパから西に向かい、大西洋を横断して、南米の南端部から太平洋に入りました。

この航海を記録した航海記『マゼラン 最初の世界一周航海』を読むと、マゼラン一行が、船に積んでいたチョウジ、肉桂、コショウ、ニクズクをフィリピンの現地の人たちに見せたことが書かれています。彼らは、香辛料の貿易に大きな関心を示しています。

また、同書の「解説」を執筆した文化人類学者の増田義郎（ますだよしお）によると、当時のヨーロッパ人は、アジアの僻地には怪物――無頭人、傘のように大きな片足をもった巨人、犬頭人、片目しかない人間などが住んでいると大真面目に信じていました。アジアは自分たちがまったく踏み込んだことがない地域ですから、どういう人たちがいるかわからないと思っていたのでしょう。

しかし大航海時代が進むにつれ、ヨーロッパ人たちは自らの目でアジアを見ることで、かつての自分たちの見方が間違っていたことに気づいていきました。

さて、アジア進出においてポルトガルの劣勢に立たされたスペインですが、その後も果敢に対抗します。

銀流通の研究で名高いフリンとヒラルデスによれば、1571年にマニラが建設されたことは、世界史上大きな意味をもちました。メキシコの太平洋岸の都市アカプルコからマニラまで、スペインの銀を運ぶようになったからです。その銀は、さまざまなルートをへて、最終的には中国へと運ばれました。

そのなかでも注目すべきは、太平洋を横断するルートです。太平洋の銀輸送に使用されたのは、ガレオン船という船舶です。4～5本の帆柱をもち、喫水が浅く、スピードが出るガレオン船は、砲撃戦にも適していました。

マニラは、新世界と中国のあいだに位置する非常に利益の上がる貿易拠点として、瞬く間に活況を呈するようになっていきます。

スペインがマニラを領有し、東南アジアとの貿易を実現したいと考えたことからも、当時、香辛料がどれほど重要であったのかがおわかりいただけるでしょう。

かつて「マニラは、いつか太平洋・インド洋商業の商業拠点になる運命にある」といわれていました。スペインから喜望峰をへて銀が輸出されるルートはありましたが、それに加えて、アカプルコから太平洋を渡り、マニラを通じて、やがて中国に送られるようになったのです。そのため、太平洋は「スペインの内海」になったとさえいわれています。

日本も無関係ではありません。日本は中国から綿、絹、生糸、茶などを輸入しており、その代価として銀が輸出されていました。日本の銀生産高は、世界の3分の1を占めたともいわれています。もっとも重要な日本の銀山は、石見(いわみ)銀山でした。

日本銀の輸送では、ポルトガル人やオランダ人、中国人も活躍していました。決して日本の商人だけが活躍していたわけではないのです。日本が外国と正規の貿易をしていた長崎からの輸出に、ポルトガル人の力が不可欠であったことは忘れるべきではありません。

日本は、自国船でアジアや新世界の産品を輸送することができたヨーロッパとは、明らかに違っていたのです。

香辛料輸送とイタリアの衰退

大航海時代では、アフリカ大陸南端を通る「ケープルート」をポルトガルが開拓したため、従来の地中海ルート（東南アジア→インド洋→紅海ないしペルシア湾というルート）は、すぐにすたれたと思われてきました。

それに対し異議を唱えたのが、アメリカ人の歴史家フレデリク・レインでした。1933年に発表した論文で、レインは「新航路の発見により一時的にポルトガルが優位に立ったのは事実だが、やがてケープルートのほうが地中海経由の航路よりも輸送コストが高くなったため、結局、地中海ルートを使うヴェネツィアが復活した」と主張しました。

ただし長期的に見れば、ケープルートを使用して、香辛料をアジアからヨーロッパへと運ぶようになったことはほぼ確実です。現在の研究から判断するなら、１６２０年代にはケープルートが優位になったようです。

それはポルトガルではなく、オランダの取引量が多くなったことによるということも明記しておかなければなりません。この頃には、オランダ東インド会社が香辛料を大量に輸送できるようになっていたのです。

他方イタリアは、結局、インドと東南アジアのルートから切断されることになりました。17世紀初頭になると、イタリアから陸上ルートでインドや東南アジアへとつながる異文化間交易圏（文化や宗教・宗派の異なる商人のネットワーク）からイタリアが切り離され、その代わりにポルトガル商人、そしてイギリスやオランダがこの交易の一翼を担うようになったのです。

イタリア経済衰退の大きな理由の一つは、ここに見出されます。

ヨーロッパとアジアの逆転が起こる

もともとはヨーロッパよりもアジアの経済力のほうがずっと強く、ヨーロッパはアジア経済に従属していました。しかし、海上ルートを切り開いたヨーロッパのアジアへの進出が、この関係を逆転させることになりました。

ポルトガルのアジア進出を皮切りとして、オランダ、イギリス、フランス、デンマーク、スウェーデンも東インド会社などを設立し、アジアとの貿易を促進するようになります。

当初、ヨーロッパ人の主要な目的はアジアの産品の輸入でしたが、たとえば19世紀中頃、イギリス東インド会社がインドを直接統治するなど、国家体制にまで介入するケースが出てきました。その過程は、ヨーロッパのアジアへの進出をそのまま物語ります。

繰り返しますが、イタリアがアジアから輸入していた香辛料は、イタリア商人が直接アジアまで行って購入し、イタリア船で輸送し、ヨーロッパまで持ち帰ったわけではありません。東南アジアの商人（中心はムスリム）、インド洋のムスリム商人、ヨーロッパ内部ではイタリア商人が運んだと考えられます。

この連携において、もっとも重要な商人はムスリム商人でした。より具体的にはアラブ人とペルシア人だったと考えられます。

ヨーロッパのアジアへの進出では、一部、このルートが利用されましたが、アフリカの喜望峰を回ってアジアに進出したため、オスマン帝国の領土は通りませんでした。

それは、この帝国が商業的にも軍事的にも巨大な壁であったからでしょう。換言すれば、ポルトガルは、なんとかオスマン帝国の貿易ネットワークにかかわらなくてすんだのです。

ポルトガルがアジアに到着して以降、いくつかのヨーロッパ諸国がポルトガルに続きました。それにより、徐々にヨーロッパ人のほうがアジア人よりも多くの商品の輸送を担うようになっていきました。

ヨーロッパのアジアへの進出は海上ルートによるものであり、ヨーロッパ人以外の商人が担っていた貿易ルートを、ヨーロッパ人が取って代わることを意味しました。そうすることで、ヨーロッパは、次第にアジアよりも軍事的のみならず経済的にも優位に立つことができるようになったのです。

しかも、ヨーロッパ人は、自分たちの船でアジアまで行きました。そのため、いくつもの異文化間交易をある程度は残しつつも、それぞれの異文化との関係性は、薄められることになったと考えられます。

こうしたヨーロッパ人のアジアへの経済的進出は、やがてヨーロッパによるアジアの軍事的支配にもつながります。ヨーロッパの世界支配の鍵は、海運業の発展にあったのです。

アジアに到達したヨーロッパ船

東南アジア史家のジェフ・ウェイドによれば、8～11世紀、インド洋やアラビア湾のみならず、東南アジアにおいてもイスラーム化が進みます。

11世紀後半には、アラブからの使者が東南アジアをへて、中国を訪れています。この時代には、中国の海上貿易の拠点が、広州から泉州へと移りました。泉州には、すぐにイスラームの寺院であるモスクが建てられました。

また、12～13世紀の海上貿易のブームにおいて、泉州のムスリムは非常に強い勢力を誇っていました。ムスリムを中心として、インド洋から東南アジアにかけての海が一つの商業圏になり、15世紀になると、東アジアから東南アジアにかけての商業圏が成立しました。アジアの海は、このようにして商業的に緩やかに統合されていくことになりました。

そんなアジアにおける海上ルートでの流通は、徐々にヨーロッパ人の手に委ねられるようになります。アジア人が築いたアジアの海のネットワークを、ヨーロッパは少しずつ自分たちのものに変えていったのです。ヨーロッパ人は、アジアの香辛料、ついで茶をヨーロッパ船で輸入するようになりました。

その後、イギリス人は、おもに自国製の綿製品を自国船で世界中に輸送していきます。イギリス船は、アヘン戦争後の中国の海上貿易も担うようになり、第二次世界大戦直前に至るまで、イギリスはアジア域内交易の物流でもっとも活躍していた国でした。

世界に進出するヨーロッパと、とどまる中国という図式こそ、近代世界の特徴を明確に示しています。アジアの海上での流通は、大航海時代をへた頃には、アジア人ではなくヨーロッパ人が支配するようになりました。

スペインとポルトガルに続いたオランダの戦略

16世紀後半において、ヨーロッパでもっとも発展した商業国家はオランダでした。彼らにとって、イベリア半島の二国、ポルトガルとスペインの動きは、常に大きな危機感を与えるものでした。

そんななか、オランダ人もまた、東南アジアに進出したいという気持ちを強くもつようになりました。いうまでもなく、東南アジアには香辛料があったからです。

1580年にスペインとポルトガルが同君連合になってからは、なおのこと、オランダは、東南アジアとの貿易で両国に後れていると感じていたと考えられます。

ポルトガル、スペインに負けじと、オランダは会社をいくつか設立し、東南アジアとの取引をするようになりました。

しかし1600年にイギリス東インド会社ができると、オランダはいくつかの会社を統合させる動きを起こし、1602年、オランダ東インド会社（より正確には、連合東インド会社＝Verenigde Oost-Indische Compagnie）が設立されたのです。これは一般に、世界最初の株式会社とされています。

オランダ政府はオランダ東インド会社に対し、アジアでの貿易と植民地の設立に関する独占的権利を与える特許状を発行しました。そればかりか、同社の取締役会の十七人会は、喜望峰を超えた地域の君主と条約を結び、戦争をし、兵士を雇う権利がありました。

これほどの権限を与えられたのは、東南アジアがあまりにも遠隔であり、政治的・軍事的事案が生じた際に、オランダ本国からの指示を待っているようでは的確かつ速やかに対処できないと考えられたからでしょう。

イスラーム史家の羽田正（はねだまさし）によれば、オランダ東インド会社は、モルッカ諸島やバンダ諸島産の高級香辛料貿易の独占を試みました。

これは、じつはポルトガルがアジアでの貿易で用いた戦略そのままでした。すなわちオランダは、ポルトガルと同様、貿易を独占することでヨーロッパでの市場価格をコントロールし、利益を高めようとしたのです。

香辛料戦争——バンダ諸島をめぐる攻防

ポルトガル、スペインに追いつけ追い越せの勢いで、アジアでの香辛料貿易に意欲的に取り組んだオランダでしたが、その方法は経済的というより、むしろ暴力的でした。

1605年には、バンダ諸島とモルッカ諸島の中間に位置するアンボン（アンボイナ島）にあったポルトガルの砦を奪います。そのうえ、テルナテ島のスルタンに接近して軍事的な支援を約束し、ティドーレ島に拠点をもつポルトガル人とスペイン人に対抗します。1619年には、バンテン王国内の港町ジャカルタが、オランダ東インド会社の拠点になりました。

ジャカルタはオランダがバンテン王国や、これと結んだイギリス東インド会社軍と戦い、力ずくで奪い取った拠点です。この地に新しく要塞が築かれた町は、ローマ帝国時代に現在のオランダのあたりに住んでいたバタウィー族にちなんで、バタヴィアと命名されました。

オランダの軍事力増強を典型的に示す人物に、第4代オランダ東インド会社総督（在任：1619～1623）のヤン・ピーテルスゾーン・クーンがいます。

クーンは、目的を遂行するためには手段を選ばぬ、残忍な人物でした。その残虐性から、「バンダ諸島の虐殺者」と呼ばれているほどです。

バンダ諸島は、世界で唯一のナツメグとメースの生産地でした。オランダ人が到来する前には、バンダ諸島の人々はヨーロッパやアジアの商人との取引を活発におこなっていました。それをオランダ人が独占するとすれば、オランダには膨大な利益がもたらされることになります。それを画策したのが、クーンだったのです。

2-5　ヤン・ピーテルスゾーン・クーン

オランダ人はバンダ諸島の住民とのあいだで独占貿易契約を交渉しようとしましたが、それには失敗しました。

1620年、バンダ諸島の住民がオランダ人への香辛料の引き渡しを拒む事件が生じると、オランダは、これをイギリス人による煽動だと捉え、討伐軍を派遣しました。オランダ東インド会社軍は島々を次々に占領します。イギリスの拠点があったラン島では、800人近い島民たちを捕虜とし、バタヴィアに送って奴隷として働かせました。

さらに1621年、クーンの指導により、1500人いたとされるバンダ諸島の人々が虐殺されるという事件まで起こります。生存者は他の島に強制移住させられました。その後、クーンは、オランダの農園主と他地域からの奴隷をバンダ諸島に移住させ、オランダ東インド会社の直接管理下でナツメグの農園を設立しています。

イギリスがインドに向かった理由

このようにしてオランダ東インド会社は、東南アジアとの香辛料貿易を大きく増加させました。いわば、クーンが中心となって多くの現地人を殺害することで、オランダ東インド会社は東南アジアの香辛料貿易を独占することができたのです。

なぜそれが可能だったかというと、オランダのアムステルダムがヨーロッパの武器貿易の中心であり、オランダ東インド会社は最先端の武器を使用することができたからです。

先述の羽田は、イギリス東インド会社は、17世紀初めに東南アジア産の高級香辛料を直接購入しようとしていたが、オランダ東インド会社とのあいだで船舶や人員の数と資金の額に大きな差があり、競争することはできなかったと指摘しています。

　現に、1623年、アンボン島で、オランダ人がイギリス人、日本人、ポルトガル人を虐殺するという事件が起こったのですが、イギリスは、それに反撃することはできませんでした。

　イギリス東インド会社がインドに向かったのも、東南アジアではオランダ東インド会社に対抗しうる手段を見出せなかったからにほかなりません。

　1639年には、地元の領主の招きによって、インドのマドラスを新たな拠点にします。ポルトガル人がゴアを、オランダ人がバダヴィアを強引に奪い取ったのとは異なり、イギリスは平和のうちにインドに根拠地を築くことができたのです。

また、イギリス東インド会社は、イラン（ペルシア）にも進出します。サファヴィー朝ペルシアから、全領土で自由に商売をおこなうことを許され、その貿易活動には関税がかけられないという特権的地位をえました。

　ペルシアのみならずインドの支配者には、自国の商人を優遇しようという姿勢は見られませんでした。その傾向はオスマン帝国も同様です。彼らはむしろ、帝国内の商業を他国の商人にゆだねることで、商業発展を狙っていたのです。

日本は香辛料を輸入していたのか

第1章と第2章を通じて、ヨーロッパの人々にとっていかに香辛料が重要なものあったか、また、いかに香辛料を求めてアジアと盛んに貿易し、それだけでは飽き足らず、自らアジアに進出してきたのかをお話ししてきました。

では、そのアジアの一部である日本はどうだったのでしょう。ヨーロッパが求めてやまなかった香辛料の貿易には、日本人も密接に絡んでいたのでしょうか。

結論からいうと、日本も対外進出はしていたのですが、香辛料とはほぼかかわりがありませんでした。あれほどヨーロッパ人にとって対外進出の動機となった香辛料は、日本人にとっては重要ではなかったのです。

ただし、日本も他国と貿易していたことには違いありません。ヨーロッパでは「いかに香辛料を確保するか」が貿易の主要なテーマの一つであった一方、日本の貿易とはどんなものだったか。香辛料と世界史との関連性を、より際立たせるために、それについても見ておきましょう。

ヨーロッパの対外進出の口火を切ったのは、先に述べた通りポルトガルでした。そこで大きな役割を果たしたのがイエズス会です。イエズス会の活動は、単に布教活動だけではなく、商業上の利益追求にまでおよんでいました。

1575年、ゴアで開催された「インド管区協議会」で、インドにおける軍事活動への介入は合法的なものであると認められました。これは重要なポイントです。というのは、軍事介入が合法的とは、武器貿易による利益は否定されていなかったということだからです。イエズス会がその一端を担っていたと考えても無理はないでしょう。

また、イエズス会は、戦国時代に武器を供給するという重要な商業活動によって日本の統一に貢献しました。マラッカおよび中国と、日本を結ぶ貿易ルートは、ポルトガル商人にとってもっとも利益の出るルートであり、当初は密輸でした。

このルートは、1世紀間にわたってポルトガル商人が独占することになります（しかし後で見るように、朱印船の時代になると、ポルトガル船＝ポルトガル商人の役割は大きく低下します）。

さらに、マカオ－日本間のルートでも、ポルトガル商人が活躍していました。アジアでの貿易は密貿易が多かったのですが、イエズス会は、それに従事して利益をえていたと考えるのが妥当でしょう。

イエズス会は布教のみならず、経済的利益、さらには、おそらく国土の征服を担った組織でした。実際、私がヨーロッパのある研究会で、こういう考え方を述べたときも、「イエズス会が世界制覇を考えていたことはたしかだ」というコメントをもらいました。

イエズス会はナウ船（ポルトガルが建造した大型の帆船）を使い、マカオから武器を日本に輸出し、キリシタン大名に提供していたと考えられます。イエズス会はたしかに日本に対して、ヨーロッパ製の武器を調達する「死の商人」として活躍したに違いないのです。

１５８０年代後半には、日本準管区長であったガスパール・コエリョが、肥前国日野江藩主でキリシタン大名だった有馬晴信（ありまはるのぶ）の領土にある城砦に、大砲を配備するようになります。さらには長崎を軍事要塞化して、長崎を中心としたキリスト教世界の平和を、軍事力によって維持しようとしました。少なくとも日本人の目には、これが、イエズス会による軍事的・宗教的な日本占領の意図と映っていたとしても何の不思議もありません。

日本に銃器をもたらしたのはイエズス会でした。一般には１５４３年に種子島に初めて火縄銃（マスケット銃）が持ち込まれ、そこから日本全体に鉄砲が行き渡るようになったとされていますが、これが本当に正しいかどうか、最近では疑問視されています。一方には、倭寇によって鉄砲が伝来したという説もあります。

しかし、この二つの説は、じつは矛盾しません。先ほども述べた通り、イエズス会とは、いわば死の商人であり、武器貿易によって巨額の利益をえていました。そして倭寇が使用していた鉄砲は、おそらくイエズス会がもたらしたものであったと推測できます。

どのようなルートをたどって、日本に鉄砲が持ち込まれたかを証明するのは難しいでしょう。しかし確実なのは、それにはイエズス会が大きく関係していたということなのです。

イエズス会が利用したアジアのネットワーク

イエズス会は、ポルトガルから、はるばる日本にまでやってきました。このような気の遠くなるような長距離航海は、なぜ可能になったのでしょうか。それを理解するためには、アジア域内交易の歴史を少し遡って述べなければなりません。

15世紀に、アジア人の力でアジアの交易ネットワークが大きく発展しました。ポルトガル人が比較的容易にアジアに参入できたのは、すでにアジアで海洋ネットワークが確立していたからだということを、まず理解しておく必要があります。

このネットワークの中核だったのは琉球王国でした。

琉球王国は、１６０９年、薩摩藩と清への両属という体制になりますが、１８７９年までは独立した王国として存在していました。

琉球王国は、中国や東南アジア諸国と同じく、ジャンク船（三角帆がある、中国や東南アジアで古くから使用されてきた船）による交易を盛んにおこなっていたのです。

さらに、中国との朝貢貿易に従事しただけではなく、東南アジアの主要貿易港にも船舶を送っていました。琉球王国は、１４３０〜１４４２年のあいだに、タイのアユタヤ朝に少なくとも17回、スマトラ島のパレンバンに8回、ジャワ島にも8回、使者を送っています。

この点で当時の琉球は、かなり特異な立場にあったといえるでしょう。そして日本は、琉球王国を通じて北東アジア‐東南アジア‐インド洋という交易ネットワークに参画していました。ポルトガル人は、そのネットワークを利用して日本に渡航したと考えるべきではないでしょうか。

ところで、この頃の日本の貿易といえば、先述した倭寇のネットワークを忘れてはなりません。倭寇とは、13世紀から16世紀にかけ、朝鮮半島や中国大陸の沿岸部や、東アジアにおいて活動した国境をもたない海賊兼貿易商人のことをいい、日本人も含まれていました。

14世紀後半に、倭寇は朝鮮半島・中国沿岸部を襲撃しました。前期倭寇と呼ばれる彼らの拠点は、対馬・壱岐・肥前松浦地方にあったとされています。さらに16世紀中頃から後半にかけて、倭寇は中国沿海部を活動の中心としました。

琉球王国の商業ネットワーク

中国人が、シャム（タイ）やスマトラ島のパレンバンといった南海の地域に定住するようになったのは、元代後期から明代にかけてのことでした。また、彼らがジャワ島に定住したのは、インドネシア最後のヒンドゥー教王国であるマジャパヒト王国全盛の14世紀半ば、ハヤム・ウルク王の時代のことです。

14世紀末になると、これら南海に位置する国々と、中国、日本、朝鮮、琉球などの国々とのあいだで取引がはじまります。このときに大きな役割を果たしたのが、すでに定住していた中国人だったのです。

南海へ向かった琉球人が活発に交易したのも彼らでした。琉球がパレンバンとのかかわりをもつようになるのは１４２８年、ジャワとは１４３０年でした。パレンバンやジャワなど、いくつかの港の繁栄は、居住していた中国人の商業活動のおかげでした。琉球人が中国本国との関係を維持したのも、それが理由であったと考えられます。

15世紀に東南アジア経済が成長したのは、中国との関係が強まったからだという主張もあります。日本史家の黒嶋敏(くろしまさとる)によれば、琉球には明を出国した華僑(かきょう)たちも住み着いており、琉球王国の対外交易を主導しただけではなく、明本国との通交・通商におけるさまざまな優遇策を勝ち取っていました。

このように、琉球は東アジアのみならず、東南アジアのシャム(タイ)、パレンバン、ジャワ、スマトラ、安南(ベトナム)などへと、交易網を広げていました。15世紀の段階では、琉球は明らかに日本国との関係だけではなく、東アジア、東南アジアとの緊密なネットワークを構築していたのです。

アジアに散らばった日本人たち

16世紀の日本が、世界有数の金銀の産出国だったことはよく知られています。豊富な鉱産資源を輸出し、生糸や絹織物などを輸入していました。

この貿易を担った人々には、ポルトガル人だけではなく、日本人もいました。彼らは一攫(いっかく)

千金を夢見て海外に渡り、居留地を築きました。

その居留地は「南洋日本町」と呼ばれます。ベトナム中部のフェイフォ（ホイアン）、トゥーラン（ダナン）、タイのアユタヤ、ルソン島のマニラ郊外のディラオとサン・ミゲル、カンボジアのプノンペンとピニャールーなどが有名ですが、実際には東南アジアのかなり多くの都市に、貿易にたずさわる日本人が居住していたともいわれています。

もちろんマニラにも、日本人の居留地はありました。1614年に幕府の命令によって日本から追放されたキリシタン大名、高山右近も滞在していました。

この地が、スペインのガレオン船の出入港であり、メキシコ銀がもたらされた土地だということを考え合わせれば、日本人のネットワークは、ポルトガル人だけではなく、スペイン人とも関係していたことになります。

日本人は、東南アジアの各町で活躍していました。そのなかには、シャム（タイ）で活躍した山田長政もいました。戦国時代は領土拡張、さらには貿易拡大の時代であったので、その余波が残っていた江戸時代初期に、東南アジアに日本人が渡航したことは、何も不思議ではありません。

しかも渡航した人々には商人だけではなく、武士も数多く含まれていました。それは、浪人たちが、新たな職を求めて日本を後にしたためだと考えられています。

１６３９年にポルトガル船入港禁止（鎖国）令が出されると、日本人町は徐々に衰退していきました。しかし、そのときに日本に帰国できなかった人々とその子孫は、その後何十年、場合によっては１００年以上も、東南アジアの地に住み着くことになりました。

南洋日本町は、インドのゴアからのポルトガル商人（場合によってはイエズス会）のネットワークの一部を形成していました。このネットワークは、琉球人のネットワーク、すなわち、それ以前に東南アジアに広がっていたイスラーム勢力のネットワークとも重なります。

日本が迎えた貿易拡大の時代

豊臣秀吉は１５８７年にバテレン追放令を出しました。その理由は、よく知られている通り、イエズス会が神社仏閣を破壊しており、日本人を強制的にキリスト教へと改宗させていたことがわかったからです。

また、１５９０年に秀吉によって日本全土が統一されると、倭寇などによる無秩序な交易・略奪を取り締まるためにも、政府として貿易を管理する必要に迫られました。そこで秀吉は「朱印状」を発行し、これをもっている船だけが正当な貿易をできるとしました。

日本の対外関係史の大家である岩生成一（いわおせいいち）によれば、秀吉の時代、あくまでも日本国家内部で通用する証明にすぎなかった朱印状は、徳川家康が天下をとると、対外的にも用いられるようになりました。貿易相手国にも書状を出し、朱印状をもっていない日本の商人とは取引しないように要請したのです。

これが１６０１年にはじまり、１６３５年に終わった朱印船制度です。

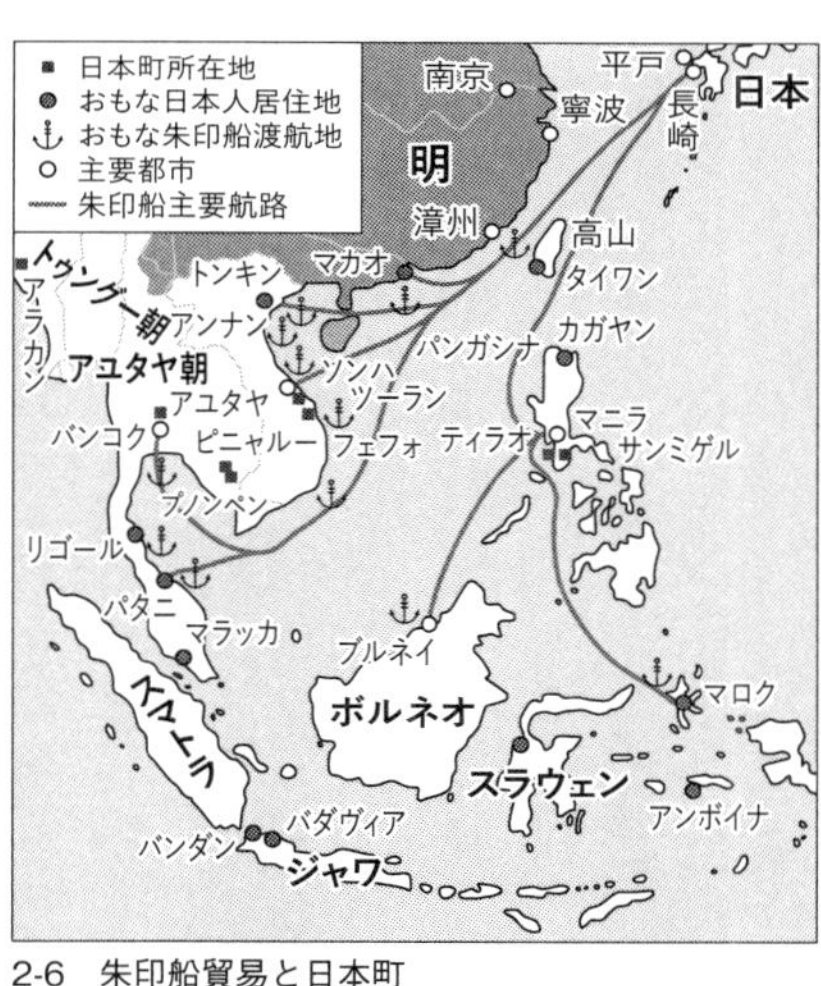

2-6　朱印船貿易と日本町

２－６に見て取れるように、朱印船は東南アジアに向かいます。この制度の下で、日本は大きな貿易拡大の時代を迎えました。政府が貿易を管理するという姿勢は、近代国家に広く認められるものであり、徳川幕府は非常に近代的な政策をとったといえるでしょう。

ここでもう少し詳しく、朱印船貿易について見ていくことにしましょう。

岩生は、台湾、マニラ、トンキン（ベト

ナム北部）のいずれにおいても、主要な貿易品として絹織物と生糸が挙げられていると指摘します。また岩生は、朱印船の南方貿易でも、生糸や絹織物の買い付けが主要な渡航目的であったといいます。

現に、1634年の日本の輸入生糸の総額は40万4000斤（きん）、その内訳は中国船17万斤、オランダ船6万4000斤、朱印船15万斤、ポルトガル船2万斤でした。

ここからわかるように、中国船が多く、朱印船＝日本船もかなり多いのに対し、ポルトガル船が非常に少ないことがわかります。日本からは大量の銀が輸出されていたので、生糸の買い付けに困ることはなかったはずですが、あえていうなら、日本の船が東南アジアや中国の貿易を独占できるほどの能力はなかったことがわかります。

2－7は、当時の日本からの輸出品と日本への輸入品の一覧です。香辛料の輸入があまりありません。日本食には香辛料は必要ないことが理由として考えられますが、それだけでしょうか。そこには、単に「香辛料を使うかどうか」とは別の、日本の対外進出とヨーロッパのそれとの大きな差異が示されているのです。

ヨーロッパ人は、たしかに香辛料を自分たちの船で輸入しました。ただしポルトガルに輸入された香辛料を消費したのは、ポルトガル人だけではなく、他のヨーロッパ諸国の人々でもあったはずです。それに対し、日本の主要輸入品である生糸は、日本のみで消費されていました。

また、岩生によると、朱印船の航海日数は最大でも135日であり、通常は20～40日程度です。これはいうまでもなく、ヨーロッパ船がアジアに来航する日数と比較すると、非常に少ない航海日数でした。

国　名	日本からの輸出品	日本への輸入品
台　湾	鋼・鉄・薬罐・雑貨	生糸・巻物・鹿皮
マカオ	銅・屏風・畳・小袖・所帯道具・蒔絵道具	印子・生糸・緞子・縮緬・紗綾・綸子・繻珍・鮫皮・水銀・釷・錻・針・唐土・薬種・山帰来・しゃくま・茶碗・皿・白砂糖・南蛮物
マニラ	銅・鉄・薬罐・据風呂・扇子・帷子・鋏・小刀・蒔絵・麦粉・食物	生糸・巻物・羅紗・猩々緋・紦・葡萄酒・珊瑚珠・鹿皮・蘇木・砂糖
トンキン	銅・鉄・薬罐・所帯道具・据風呂・扇子・傘・鏡・銭・硫黄	小黄絹・北絹・唐綾・綸子・紦・袖・肉桂・縮砂・欝金
交　趾	鋼・鉄・薬罐・帷子・木綿・据風呂・傘・銭	黄絹・北絹・紗綾・伽沈香・鮫皮・黒砂糖・蜜・胡椒・金
カンボジア	銅・鉄・薬罐・所帯道具・扇子・傘・硫黄・樟脳	鹿皮・漆・象牙・蠟・蜜・黒砂糖・水牛角・犀角・檳榔子・大楓子・胡椒・鮫皮・孔雀尾・木綿（きわた）・欝金
シャム（タイ）	銅・鉄・薬罐・所帯道具・扇子・傘・硫黄・樟脳・屏風・畳	蘇木・鹿皮・唐皮・象牙・鞆鮫・水牛角・鉛・錫・龍脳・血竭・更紗・木綿縞・珊瑚珠・沈香
パタニ		胡椒・錫・鮫皮・象牙

2-7　日本の主な輸出入品
出典：岩生成一『日本の歴史14 鎖国』中公文庫、2005年、274頁をもとに作成。

たとえば、歴史上初めて日本を訪れた（正確には日本に漂着した）オランダ船のリーフデ号は、1598年にオランダを出港し、日本にたどり着いたのは1600年でした。この間、約2年です。日本船の航海範囲は、ヨーロッパの船と比較すると非常に小さかったのです。

ヨーロッパ諸国は、日本と比較するとはるかに多くの日数を要して、アジアにまでやって来ました。当初は航海の危険も高く、途中で死んでしまうことも多かったのですが、ヨーロッパの航海者は、そういうことも覚悟のうえ、アジアを目指して航海したのです。ヨーロッパはまた、そのような遠隔地で植民地を築いていきました。

このように、ポルトガルやオランダなどヨーロッパの国にとって、貿易とは近隣国との商売にとどまらず、遠く離れた地域での植民地の構築につながるものであった一方、日本にとっては、あくまでも国内需要のために、必要なものを必要なだけ買い付けるものでした。それが、日本の対外進出とヨーロッパの対外進出のもっとも大きな違いでしょう。

ヨーロッパは自ら世界を押し広げた

大航海時代に入り、ポルトガル、スペイン、オランダ、イギリスは、東南アジア、とくにモルッカ諸島で生長する香辛料を求めて長距離の航海をしました。当初はムスリムの手をへずに西アフリカから金を海上ルートで入手することからはじまったものが、明確に香辛料を入手するという方向へと変化したのです。

それを可能にしたのは、ケープルートの確立でした。

ヨーロッパの船が、ヨーロッパの海を出発してアフリカ大陸南端を通ってアジアに至り、

2-8　ペトルス・プランシウスの球体世界図（和泉市久保惣記念美術館蔵）
出典：和泉市久保惣記念美術館デジタルミュージアム

そして同じくヨーロッパの船で、アジアからヨーロッパへと香辛料が輸送されることになりました。アジア商人、なかでもムスリム商人を介してヨーロッパに香辛料を運んでいた中世とはまったく異なる、いわば自己完結・自己調達型の輸送システムが誕生したのです。

大航海時代に世界各地へと出かけたことで、ヨーロッパ人の世界の地理に関する知識は、だんだんと正確になっていきました。

1594年に作成されたペトルス・プランシウスの球体世界図を見ると、旧世界はかなり正確に、新世界は、ある程度までは正確に書かれていることがわかります。むろんこれ以降、ヨーロッパの世界地理の知識は、ますます正確になっていきました。

やがてヨーロッパ人の味の好みは砂糖へと移り変わっていきますが、じつは、彼らが新世界の地理についてより詳しい知識をえる過程こそ、砂糖がヨーロッパに流入する過程といえます。香辛料から砂糖へというヨーロッパ人の嗜好の変化は、生産システムの根本的な変化を意味したのです。

これはいったいどういうことなのか。それについては次章で見ていきましょう。

第3章　香辛料から砂糖へ——近世世界の変貌

『カンディード』と砂糖貿易

突然ですが、ある小説の一節を引用します。

二人が町に近づくと、地べたに寝そべっているひとりの黒人に出会った。黒人は青色の半ズボンをはいているだけで、上半身は裸である。そして、かわいそうに左足と右手がない。

「おやおや、これはまたずいぶんひどい」

カンディードはオランダ語で言った。

「おまえはそんなひどい姿で何をしているんだ」

「ご主人様を待っているんです。私の主人はファンデラデンデュール様、名高い商人です」

「そのファンデラデンデュール様が、おまえをそんな姿にしたのか」

「ええ、旦那、これがしきたりなんです」

黒人は答えた。

「年に二回、こういう半ズボンが一着支給されますが、私たちが着るものはこれだけ。

砂糖をつくる工場で働いていて、機械に指がはさまれると、壊疽にかかって手が切り落とされます。逃げようとすると、罰として足が切り落とされます。私はその両方をやられました。ヨーロッパのかたがたは、私たちがこういう目にあうおかげで砂糖が食べられるわけです。」

（ヴォルテール『カンディード』）

ここで述べられているのは、南米のスリナムで働く黒人奴隷の様子です。砂糖の生産をめぐる奴隷労働の残酷さがありありと描写されています。フランスの啓蒙思想家ヴォルテールが１７５９年に発表した代表的名作であり、18世紀社会への痛烈な批判が込められている作品として知られる『カンディード』からの一節です。このような残酷な様子は、カリブ海諸島の黒人奴隷にもあてはまることでしょう。砂糖の生産に黒人奴隷の労働が欠かせなかったというのは、よく知られていることです。

砂糖は世界史を大きく変えたといわれます。一方で、これまで見てきた通り、大航海時代までの中心的な世界商品は香辛料でした。それでは、香辛料から砂糖への変化はいかにして生じたのでしょうか。そのことを明らかにするために、香辛料から砂糖への移り変わりの時代に目を向けてみます。

世界史における砂糖の重要性を説いた著書はすでにいくつもありますが、本章では最新の研究成果を盛り込みつつ、当時の世界観がよく表れている文学作品も活用しながら、世界史と砂糖の交わりを改めて考えていきましょう。

アジアは「未知なる土地」ではなくなった

大航海時代に入ると、かつてははるか遠い未知の土地であったアジアについて、ヨーロッパ人たちは多くを知るようになりました。そこで有力な情報源となったのは、実際に現地を訪れた人物による旅行記です。

16世紀初頭のポルトガルの探検家トメ・ピレスによる『東方諸国記』は、ヨーロッパ人が初めてアジアの貿易状況、そして東南アジアの地理・政治・経済に関してまとめた書物の一つです。トメ・ピレスは1512年から1515年にかけてマラッカに滞在し、この地域を中心としたアジアの広範囲にわたる情報を収集しました。

彼の著作は、ポルトガルなどのヨーロッパの国にアジアへの進出に対して貴重な情報を提供することになりました。

たとえば、インドネシアのテルナテにある商品として、「この国には丁子（ちょうじ）がある」と述べています。丁子とは、甘く濃厚な香りと刺激的な風味が特徴の、クローブとも呼ばれる香辛料です。丁子の育ち方については、「丁子は年六回収穫がある。ある人々によれば丁子は一年中とれるが、この一年の六回の時期には〔他の時期よりも〕たくさんとれるということである。丁子は花が咲いてから緑色になり、次いで赤色になる」など、香辛料に関する具体的説明も記されていました。

さらに、１５９６年、オランダ人のリンスホーテンが著した旅行記『東方案内記』には、アジアのさまざまな地域に関して詳細に記されており、後代のヨーロッパの探検家たちにとって非常に重要な情報源となりました。

なかでもオランダ東インド会社の設立や香料諸島への航海には大きな影響を与えました。同書は「生薑（しょうが）はインド各地に多生するが、優良種はマラバール沿岸にこれがもっとも多く輸出される」など具体的な記述が多く、ヨーロッパにおける知識の拡散とアジアへの興味を高めるのに貢献し、東西交流を進めるうえで重要な役割を果たしたのです。

このように、アジアの情報はどんどんとヨーロッパに流れるようになり、ヨーロッパ人は、アジアに関する正確な知識をもつようになりました。

もちろん、こうした書籍から知識をえたとしても、ヨーロッパ人が独力でアジアで香辛料の取引ができたわけではありません。それにはアジアで活躍している商人たちと協働する必要がありました。そのなかでも、もっとも重要だったのがアルメニア商人です。

アルメニア人の商業ネットワーク

１６８８年、ロンドン在住のアルメニア人コミュニティとイギリス東インド会社のあいだで協定が結ばれました。

この協定によれば、アルメニア商人は、ヨーロッパとのあいだの輸送にはイギリス東インド会社の船舶を使用し、その代わりに、アルメニア商人はアジアの海におけるイギリス東インド会社のすべての拠点（この時点ではマドラスとボンベイ）に拠点を構えて貿易をおこなうことなどが認められました。

イギリス東インド会社が、アルメニア商人との独占契約ともいえる協定を結んだのは、アルメニア商人が世界で一番優秀な商人といわれ、ユーラシア大陸全域、しかもヨーロッパのいくつかの地域で商業活動に従事していたからです。

ここでアルメニア人について、少し説明しておきましょう。

アルメニア王国は、301年、世界で初めてキリスト教を国教とした国として知られています。アルメニアの人々は商人として優秀であり、多くの言語が理解できたため、通訳としても活躍しました。

中世において、アルメニア人は何度も国家を失いました。1045年には、ビザンツ帝国によってアルメニアのバグラトニ王国はその支配下におかれます。しかしそれは短期間に終わり、11世紀後半にはセルジューク朝支配下に入ります。

その後アルメニア人は国家を建てましたが、最終的には1375年にそれも滅亡し、アルメニア人は国家なき流浪（るろう）の民となり、さまざまな地域に移住しました。16世紀にはヴェネツィア、リヴォルノ、アレッポ、バスラ、17世紀にはイズミル、マルセイユ、パリ、ロンドン、アストラハン、カザン、モスクワなどで広範な商業ネットワークを築きました。

そんなアルメニア人に目をつけたのが、サファヴィー朝（現イラン）のアッバース1世（在位：1588～1629）でした。

商業を重視していたアッバース1世は、国内における輸送ネットワークの改善に尽力しました。隊商宿を設立して交易を発展させたほか、道路税率と関税率を固定し、領内での商業

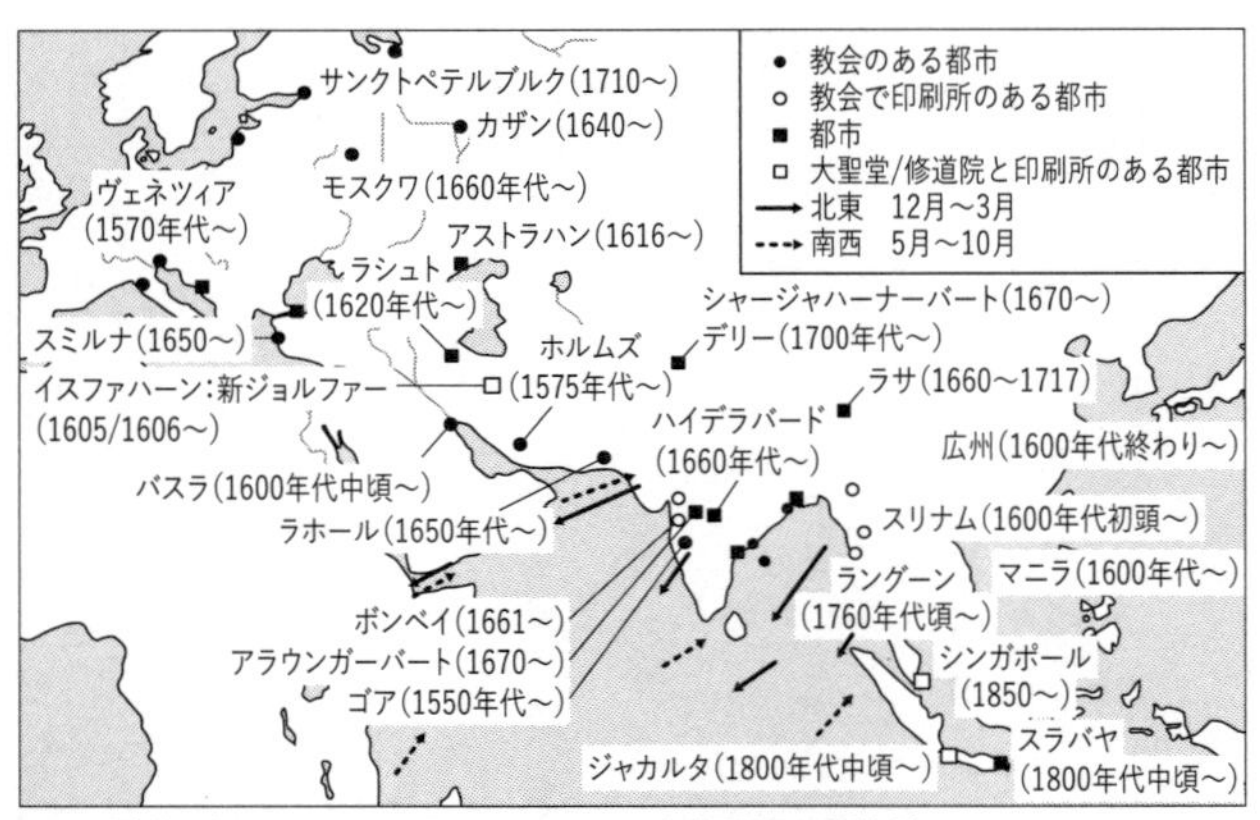

3-1　近世の新ジュルファーのアルメニア人貿易網と居住地

出典：Aslanian, Sebouh, *From the Indian Ocean to the Mediterranean: The Global Trade Network of American Merchants*, Berkeley: University of California Press, 2014. をもとに作成。

活動を推進します。

17世紀初頭、アッバース1世は、もともと現在のアゼルバイジャンに住んでいたアルメニア人をイスファハーン郊外へと強引に移住させました。こうして築かれたアルメニア人居住区は新ジュルファーと呼ばれます。新ジュルファーは、アルメニア商人による貿易の根拠地になりました。

17世紀（少なくとも前半）、アルメニア人は、この新ジュルファーを拠点として活動しました。主要な商業活動としていたのは、絹と銀の交換です。サファヴィー朝は絹との交換で銀を輸入しており、アルメニア人は、その両方の輸送を担っていました。

さらにアルメニア人はオスマン帝国の市

場に進出し、ヴェネツィア人やジェノヴァ人に取って代わって有力な外国人商人として活躍していくことになります。その後、ボンベイ、カルカッタ（コルカタ）、広州、南アジアと、東アジアの交易都市に定住するようになり、新ジュルファーは、アルメニア商人のユーラシア大陸におけるネットワークのハブになりました。

ちなみに、アルメニア商人の商業圏がきわめて大きかった事実を考慮すれば、彼らが主に使用していた通貨も注目に値するでしょう。18世紀に入る頃、西欧、ロシア、オスマン帝国、サファヴィー朝ペルシア、インド、チベット、東南アジア諸国、フィリピン、そしてメキシコのアカプルコに至るまでの商業圏で、アルメニア人は、さまざまな地域の貨幣を国際貿易の通貨として使用していました。そのなかでも、もっとも多く使用されていたのは「マルシリ（Marsilie）」と呼ばれる通貨です。

マルシリは、主としてスペインからレヴァント（東部地中海沿岸）に持ち込まれたスペイン硬貨（とくにセビーリャで鋳造されたペソ・デ・オーチョ・レアレス）でした。その価値は比較的安定していたため、アルメニア商人は、とくに高価な商品の購入・販売に、この通貨を使用することが多かったようです。

今まで見てきたように、近世のアルメニア人は、ユーラシア大陸で広範にわたり中間商人として活動していました。この時代に、ユーラシア大陸である程度大規模な商業を営もうとすれば、アルメニア商人のネットワークを使わざるをえなかったと思われます。

実際、先述の通り、イギリス東インド会社は、インドと東南アジアとの貿易をアルメニア商人に委託していました。

前章で、イギリスがインドに向かった理由として、競合国オランダに資本と物量の点で対抗できる手段がなかったことをあげました。そのうえでイギリスは、アジアとの貿易の根拠地を東南アジアからインドに移動させてもなお、アルメニア商人のネットワークを使えば、東南アジアとの貿易を続けることができると考えたのかもしれません。

アルメニア商人の商業圏は大変に広く、ヨーロッパ人は、アルメニア商人と協働しなくては広域にわたり事業展開できませんでした。ヨーロッパの対外進出とは、アルメニア商人に代表される国際貿易商人のネットワークを利用し、それを包摂する過程だったのです。

アルメニア商人とコーヒー

アルメニア人がヨーロッパにもたらした重要な商品に、コーヒーがあります。

コーヒーは元来、エチオピアのカッファという地域で自生していました。コーヒーは、エチオピアから、アラブ世界をへて、オスマン帝国を通り、中東、近東、ヨーロッパへと販売されました。その輸送を担った人々は、アルメニア商人でした。

輸送を担うだけでなく、ウィーンやパリなど、ヨーロッパの都市で最初にコーヒーショップを開店したのもアルメニア人でした。ロンドンやプラハの初期のコーヒーハウスも、アルメニア人が開いたものと思われます。コーヒーハウスは、ニュース、政治、文学、科学などについて議論する場となり、多様な社会的なネットワークが形成されました。

さらに、特定のコーヒーハウスは、特定の職業や興味に関連付けられることが多かった点に注意する必要があります。たとえば、ロンドンのロイズ・コーヒーハウスは保険業界の中心地となり、最終的には有名なロイズ保険市場へと発展しました。

このように考えるなら、イギリスが世界の覇権を握った一つの要因にアルメニア人がいたということになるでしょう。

砂糖が必需品になった理由

近世に、ヨーロッパとアジアの中間商人として活躍したアルメニア人について概観したところで、いよいよ本章の本題に入りましょう。すなわち、砂糖は香辛料にどのようにして取って代わったのでしょうか。

香辛料は長期間にわたり、ヨーロッパがアジアから輸入したもっとも重要な商品でした。しかし17世紀になると、香辛料の使用は、絶対量としては増えていたのですが、砂糖の使用量が増えたために相対的には減少していきます。

その傾向はますます進行し、18世紀には、香辛料よりも砂糖のほうが圧倒的に重要な食品になっていました。中世では「香辛料」に分類されていた砂糖が、「砂糖」と独立して分類されるようになったのも近世のことです。

砂糖は、中世後期には、すでに医療や料理で多用される重要な食品になっていました。薬の甘味料として、さまざまな準医薬品のキャンディの一成分として、また料理のソースの材料として使用されていましたが、砂糖は高価だったため、使用量は比較的少量でした。

しかし近世に入ると、砂糖は贅沢品から必需品へと変わっていきます。

それは、いったいなぜでしょうか。鍵は人々の味覚の嗜好（しこう）の変化にあります。中世に人々が好んで食べていたのは、食材そのものの味が変わったり、わからなくなったりするほど、ふんだんに香辛料が使われている料理でした。それが近世に入ると大きく変化し、食材を生かした自然な味わいのほうが好まれるようになりました。

たとえば、17世紀フランスの農学者ニコラ・ド・ボンヌフォンのように、「キャベツスープはキャベツの味がし、リーク（ポロ葱）スープはリークの味がし、カブスープはカブの味がするべきだ」という意見が出てきたのです。それが、食材本来の味を引き立たせるものとして、砂糖が好まれるようになった大きな要因でした。現に17世紀の料理本では、肉や魚の料理の30パーセントに砂糖が使用されていました。

また、砂糖は、アジアや新世界から新たにもたらされた紅茶、コーヒー、チョコレートを甘くするのに欠かせないものでもありました。

データで見ても、近世のエリザベス朝イングランドでは、一人当たりの平均砂糖消費量は年間1（重量）ポンドにすぎなかったものが、17世紀には4倍の4ポンド、さらに1720年には8ポンドと倍増しています。ちなみに、現在の一人当たりの平均砂糖消費量は、イギリスで年間約80ポンド、アメリカで126ポンドですから、近世以降、砂糖の消費量は劇的に増えてきたことがわかります。

砂糖の歴史

ここで砂糖の歴史を少し振り返っておきましょう。

砂糖の原料であるサトウキビは、前８０００年頃に東南アジアのニューギニアで栽培されはじめ、非常に長い時間をかけて、新世界を含む他地域でも栽培されるようになりました。古来、かなりの長期間にわたり、世界中の人々は貧しい生活を余儀なくされていました。ごくわずかな富裕層を除いて、食うや食わずの生活をしていた人々にとって、砂糖は貴重なエネルギー源だったと考えられます。

東南アジアからインドに広がった製糖技術は、ペルシアからエジプトにまで伝播（でんぱ）し、イスラーム世界の拡大とともに地中海東沿岸へと伝わりました。それがヨーロッパに伝わった背景には、十字軍があるといわれます。十字軍がなければ伝わらなかったということはないでしょうが、十字軍が砂糖のヨーロッパへの伝播を促進したことは確実です。

ヨーロッパにおける砂糖の生産は、サトウキビ栽培が可能だった地中海地域にほぼかぎられていました。そもそも地中海地域でサトウキビ栽培がはじまったことには、アラブ商人が関係しています。

中世前期まで、ヨーロッパの主要な砂糖供給源はアラブ地域だったのですが、９世紀頃、アラブ商人たちがサトウキビの栽培技術を発展させ、それをシチリアやイベリア半島など地中海地域に伝えたのです。なかでも、シチリアとアンダルシアは中世ヨーロッパにおける砂

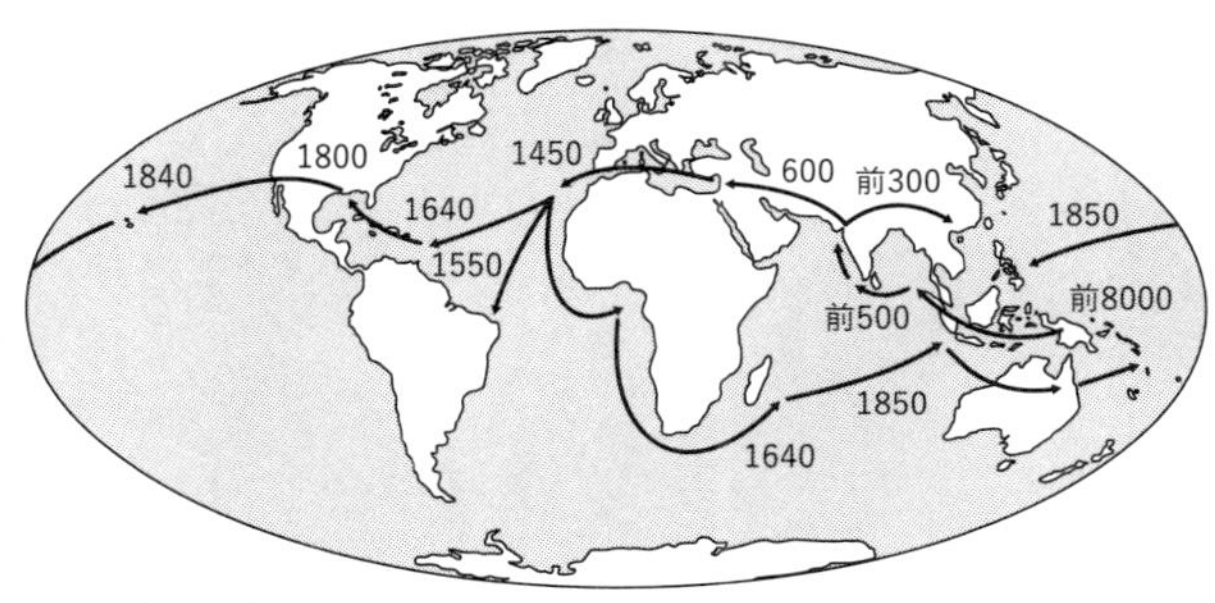

3-2　サトウキビ栽培の拡大
出典：Urmi Engineer, “Sugar Revisited: Sweetness and the Environment in the Early Modern World”, in Anne Gerritsen and Giorgio Riello (eds.), *The Global Lives of Things: The Material Culture of Connections in the Early Modern World*, London and New York: Routledge, 2016, p. 200. をもとに作成。

糖の主要な生産地となりました。

さらに時代を下ると、１４２０年頃から、ポルトガル人は、黒人奴隷を用いてマデイラ諸島でサトウキビを栽培していました。

コロンブスに遅れること8年、１５００年にポルトガル人のカブラルがブラジルを「発見」し、やがて南米大陸の東側の多くがポルトガル領となります。これは、おそらく、ヨーロッパ人が、先住民がいるにもかかわらず、自国民が「発見」した土地を自国領としていく、ごく初期の事例の一つです。

ヨーロッパでは大量にサトウキビを栽培することはできなかったため、ヨーロッパ人は、温暖な地域にサトウキビの栽培地を求めなくてはいけませんでした。ブラジルは、ポルトガル人がたまたま新世界に最初に見つけた、サトウキビ栽培にうってつけの地域でした。

ブラジルは、マデイラ諸島と比較するとずっと大きく、プランテーション（単一作物を大量に栽培する大規模農園）でのサトウキビ栽培に適していました。もともと東南アジアにあったサトウキビは、こうして、はるか遠くの地に移植され、ブラジルをはじめとする新世界で栽培されるようになったのです。

1550年代には、新世界にプランテーションシステムが導入され、そこで生産された砂糖がヨーロッパ市場を席巻するようになりました。たとえばブラジル北東部のペルナンブーコとバイーアは、16世紀末、世界でもっとも重要な砂糖生産地域となります。

かつてマデイラ諸島産の砂糖は、ブルッヘ（現ベルギー）で販売されていました。1500年頃にサン・トメ島での砂糖生産が急速に拡大すると、同島とマデイラ諸島で産出された砂糖の集積港として、同じく現在のベルギーに位置するアントウェルペンが台頭しました。

ブラジルの砂糖を征したヨーロッパ

その後、プランテーションシステムが導入されたブラジルの砂糖もまたアントウェルペンに持ち込まれたため、アントウェルペンはヨーロッパの砂糖市場の中心になりました。この頃のアントウェルペンはヨーロッパの中心的商業都市だったので、新世界産の砂糖は、まさにヨーロッパ全土で取引される商品に成長していきます。

ブラジルの砂糖生産量は、16世紀のうちに、大西洋諸島であるマデイラ諸島、サン・トメ島での生産量を圧倒するまでになっていました。ブラジルのプランテーションの規模は非常に大きく、大西洋の島々では考えられないほどの生産性・生産量があったのです。

その頃のヨーロッパでは、砂糖といえばブラジル産の砂糖を指すようになっており、１６１２年頃には、すでに年約９８０万kgの砂糖を生産していたとされます。ブラジルが砂糖の主要な生産地になったことで、ブラジルを支配していたポルトガルの地位は上昇しました。大西洋経済において、ポルトガルの首都リスボンは急激に繁栄するのですが、その一因がブラジルの砂糖にあったことは間違いありません。

もっとも、ブラジルでの砂糖生産にかかる費用はあまりに莫大であり、ポルトガルは単独で賄（まかな）うことができませんでした。そのためドイツ、イタリア、オランダの商人が協働で拠出することになります。そもそも大商人は国家を超えて事業をしており、国際的つながりは強固でした。すなわち砂糖生産は、全ヨーロッパを巻き込む企てだったのです。こうした背景もあいまって、砂糖はヨーロッパ全土に浸透していくことになります。

かつて中世においては、砂糖は非常に高価な贅沢品でした。砂糖は王侯貴族、聖職者など上流階級のあいだで広まり、食事に甘みを加えたり、デザートに使用されたりしていました。一般の人々は砂糖ではなく蜂蜜を摂取していましたが、大西洋経済の拡大により、一般人でも、以前は到底手が届かなかった砂糖を買えるようになっていきます。

そもそも、ヨーロッパと比較して温暖な気候のアジアでは、中国などでサトウキビから砂糖を生産していましたが、小規模でした。それに対し新世界では、プランテーションでサトウキビを栽培することで、砂糖の生産量を一気に高めることに成功しました。

しかしそれには、大きな問題がありました。具体的には、森林資源伐採を代表とする環境問題が発生したことです。それでも、17世紀には新世界は砂糖生産の中心地となり、新世界最大の輸出品も砂糖となりました。歴史家は、この現象を「砂糖革命」と呼びます。

黒人奴隷と砂糖経済

本章の冒頭でも述べたように、黒人奴隷と砂糖の生産は、切っても切れない関係にあります。ブラジルなど新世界におけるサトウキビ栽培で主な労働力となったのは、西アフリカか

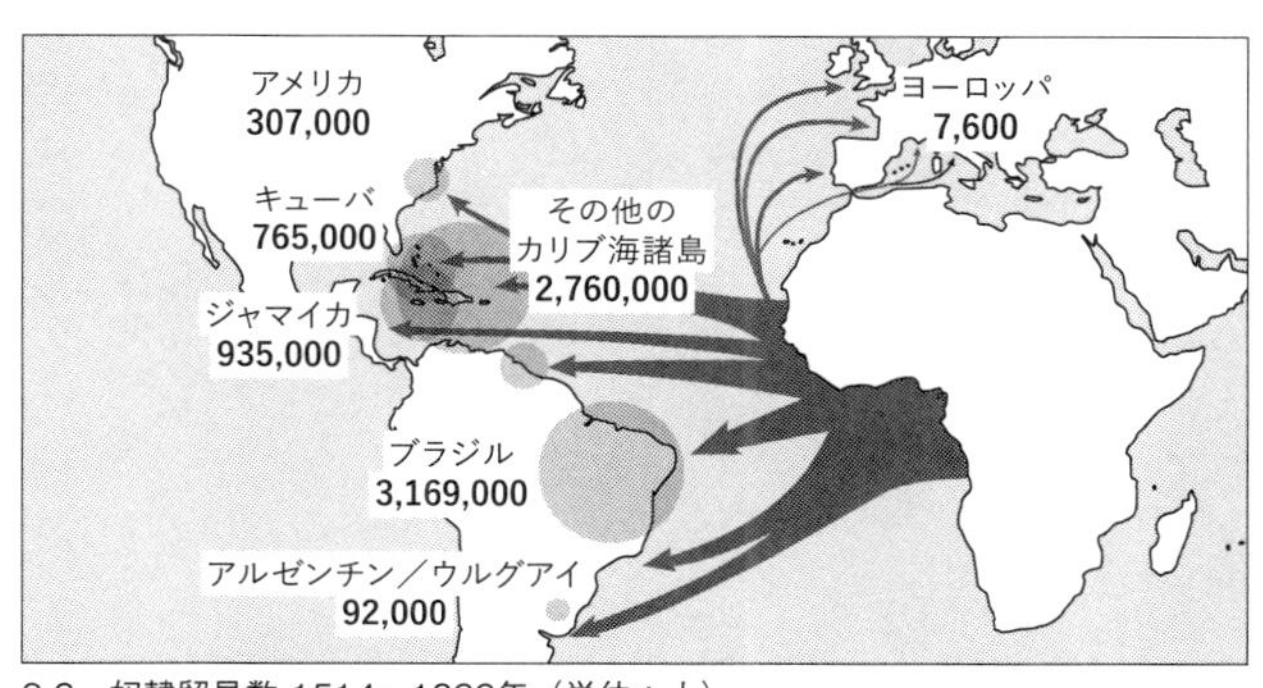

3-3　奴隷貿易数 1514～1866年（単位：人）
出典：https://www.statista.com/chart/19068/trans-atlantic-slave-trade-by-country-region/をもとに作成。

ら連れてこられた黒人奴隷でした。

ポルトガルがブラジルを「発見」する前の1450年代には、ローマ教皇によって、ポルトガル王室がアフリカを探検・冒険し、さらに異教徒を征服し奴隷にすることも正式に認可されていたのです。

奴隷貿易については、最近データベースの構築が進みつつあり、以前と比べると、はるかに正確に実像を把握することができます。

3－3は、大西洋奴隷貿易で到着した地域ごとの奴隷の数を示しています。データベースにもとづき1514～1866年を見ると、一番多いのはブラジルです。船舶で見ても、イギリス船がポルトガル・ブラジル船よりも多いのは18世紀だけです。イギリスの奴隷貿易は他より多いというイメージがあるのは、おそらく、それが要因でしょう。

このように、18世紀に、イギリス船がカリブ海の島々に輸送した奴隷数は他を凌いでいたわけですから、ブラジルではなくカリブ海諸島を中心に砂糖生産を論じることもできるわけです。

イギリスもまた、数えきれないほど多くの奴隷の犠牲のうえに経済を成り立たせてきたことには違いありません。とりわけ重要なのは、資本主義社会において奴隷が生み出される過程で、砂糖が中心的な役割を果たしていたことです。

砂糖の生産には、膨大な資金に加え、サトウキビ栽培に年間を通じて絶え間なく従事する労働力が必要でした。個人の自由意志に従う労働力は、たとえ安価であったとしても、サトウキビの栽培には適しませんでした。その「解決策」となったのが、黒人男性を西アフリカから輸送し、強制的に働かせることだったわけです。

しかし、こうして連れてこられた黒人奴隷は、満足な栄養もとれずに絶え間ない労働を強いられたため、多くが早くに命を落としました。

たとえば西インド諸島のイギリス領植民地バルバドスでは、1700年の奴隷人口は4万人でした。それから100年間に26万3000人の黒人奴隷を輸入しましたが、1800年の黒人の人口は6万人にすぎませんでした。黒人奴隷があまりに過酷な労働環境にあったせいで、寿命が短かったからです。

新世界で砂糖生産量が増加し、それがヨーロッパに送られてヨーロッパ人の生活水準が上昇した背景には、夥しい数の黒人奴隷の犠牲があったのです。

現実と妄想の狭間で生まれたメタフィクション文学

前章で述べたように、大航海時代は「大探検時代」ともいうべき時代でした。

ヨーロッパ人は、さまざまな世界でどういう人たちが住んでいるのかわからず、これまで出会ったことがないような人類、生物との遭遇があるかもしれないという意識を多くの人々が抱いていたのです。

そんな意識も、世界中で航海するにつれて現実味を失っていきますが、それでも、「怪物と出会うかもしれない」というほのかな想像が消えうせることはありませんでした。それは「メタフィクション」という文学のジャンルが流行したことからも窺われます。

メタフィクションとは、作品がフィクションであることを明示することにより、現実と虚構の境界をあいまいにする手法です。

英文学の大家であった由良君美（ゆらきみよし）は、18世紀イギリス文学の特徴の一つをメタフィクションの流行とし、1719年刊行のダニエル・デフォー『ロビンソン・クルーソー』から1760年刊行のローレンス・スターン『トリストラム・シャンディ』までを、イギリスでメタフィクションが流行した時代と捉えています。

由良によれば、この頃は、17世紀の市民革命によって確実な地歩を固めた市民階級が、18世紀市民社会風俗小説（小説＝Novel は、18世紀のイギリスで発生した新しいジャンル）とでもいうべき文学を発展させた時代でした。

彼らは、僧侶と貴族という上流階級の下、財力をもとに向上しようとする中間階級であり、今までにない文学ジャンルを形成するチャンスに恵まれた、というのが由良の論です（ただし、もしそうなら、イギリスよりも早く経済を成長させたオランダにメタフィクションが生まれたのではないかという疑問が生じます）。

市民階級は、それまで主流だった韻律（いんりつ）の難しい詩ではなく、新しくて気楽に楽しめる文学作品を求めました。彼らは、一見おかしなことを題材とするメタフィクションという形式をとった小説を楽しんだのです。それは、なぜでしょうか。

歴史家である私が、由良のこのような主張に付け加えたいのは、18世紀前半は大航海時代の末期であったということです。ヨーロッパの人々が広い海を航海するようになり、アジアについても正確な知識を蓄えつつも、まだ「未知なる人類や生物」との出会いを妄想していた、それがメタフィクションの登場に大きな影響を与えたと推測するのは、当然のことだといえるでしょう。

こういった考え方のもと、ここでは、デフォーの『ロビンソン・クルーソー』と『ガリヴァー旅行記』というメタフィクションを素材とし、当時のイギリス社会を捉えてみたいと思います。

『ロビンソン・クルーソー』は、虚構であることを示しつつ、「このようなことはもしかしたらありえるかもしれない」という印象を読者に与えたものと考えられます。

一方、『ガリヴァー旅行記』の読者は、そこに書かれていることが事実ではないと知りつつ、読書を楽しんだと思われます。

「フィクション」だからこそ描けた現実

ロビンソン・クルーソーは、カリブ海と推測される地域の孤島に流され、たった一人で30年近く暮らしました。そして、当時の第二次エンクロージャー運動の影響を受けたクルーソーは、孤島の土地を囲い込み、農業生活をおくります。

クルーソーは、こういいます。

手に入れた物資は、ブランデーの瓶一本、ラム酒の瓶一本、ビスケット少々、角の容器に入った火薬、帆布でつつんだ砂糖の特大の塊などであった。砂糖は目方が二、三キロもあった。私にはどれもありがたい品々だったが、ブランデーと砂糖は特にそうだった。もう長いことお目にかかっていなかったからである。

（ダニエル・デフォー『ロビンソン・クルーソー』）

ここからも、砂糖の重要性が読みとれるでしょう。

クルーソーはバランス・シートをつくり、毎日日記をつけ、合理的な計算にもとづいた生活を営むようになります。

バランス・シートを作成し、簿記や日記をつけるのは、イチかバチかではなく、緻密にリスクを計算したうえで冒険的事業に乗り出す商人の特徴です。それが『ロビンソン・クルーソー』に書かれているということは、クルーソーは、まさに商人なのです。

つまり、デフォーの文学は、商人の文学でもあるといえます。事実、デフォーは、『イギリス通商案——植民地拡充の政策』（泉谷治訳、法政大学出版局、2010年）という専門書を出版しています。

また、デフォーは、『完全なるイングランド商人（*The Complete English Tradesman*）』（未邦訳）という本も上梓しています。同書は当時ヨーロッパのあちこちで出版されていた、商人の教育や商業実務などに関する百科事典ともいえる「商売（商人）の手引き」に属するものであり、ここからもデフォーの文学が商人の文学であることがわかります。

ロビンソン・クルーソーは、イギリスに戻ってから、引退して地主になります。この当時の貿易商人は、どの国でも、引退してから地主になるのがふつうでした。当時の船舶での生活は体力を消耗し、決して長くは貿易活動を続けられなかったからです。

だからこそ、彼らは引退すると、地主になって余生を送ったのです。このように、ロビンソン・クルーソーは当時の国際貿易を体現した商人でした。

ところで、『ロビンソン・クルーソー』がヨーロッパの帝国主義の意識を明確に示していることはあまり知られていません。

漂着したロビンソン・クルーソーは、「ここは自分の土地」だと宣言します。この部分だけでも明らかなように、『ロビンソン・クルーソー』はヨーロッパ人の帝国主義的発想が如実に著された作品でもあるのです。

ある土地をヨーロッパ人が見つけたらヨーロッパ人のものになる——帝国主義の理論とは、このような理論でした。より正確には、見つけた人が属する国家の領土になります。ヨーロッパ人は、海を隔てた遠い土地に植民地を所有しました。それは、自国とはまったく違う土地に住んでいる、見た目も風習も自分たちとは異なる人たちは、自分たちよりもはるかに劣っている、という認識をもっていたからではないでしょうか。もちろん明確な根拠はありませんが、このように推測することはできます。

もっと後の時代になると、ヨーロッパ人は、ヨーロッパ外の地域の植民地化の論理として「文明化の使命」という言葉を用いました。ヨーロッパは、ヨーロッパ外の後れた世界を文明化することが使命であるというわけです。

しかし、彼らの考える「文明化」のなかに、植民地の民主化、議会制民主主義の進展は含まれてはいませんでした。文明化の使命とは、あくまで「ヨーロッパ人に役立つ人間の育成」を意味したのです。その端緒が書かれている『ロビンソン・クルーソー』は、商人の世界と帝国主義について記した書物といえるでしょう。

それは、虚構と現実のあいだを行き来するメタフィクション作品だったがゆえに、現実そのものよりも、むしろ現実らしさを提示していると見ることもできるのです。

『ガリヴァー旅行記』の批評性

1726年にジョナサン・スウィフトが上梓した『ガリヴァー旅行記』は、風刺小説として知られます。スウィフトはアイルランドに移ったイギリス人の息子であり、とくにイングランド政府への風刺が多いように思います。

『ガリヴァー旅行記』は、ロンドンからアジアの海を航行した主人公レミュエル・ガリヴァーの四つの冒険を描いています。ここでは風刺の意味だけではなく、同書がどのような歴史的意味をもっているのかということも見ていきましょう。

まずガリヴァーは、「リリパット」なる国に流れ着きます。この国の住民は、身長がおよそ15センチメートルしかありません。そこで巨人として扱われたガリヴァーはリリパット人の戦争に協力します。

彼らの戦争は、「どちらの端から卵を割るべきか」ということに端を発するもので、当時のヨーロッパの無意味な対立による戦争の馬鹿馬鹿しさを風刺しています。

ガリヴァーが次に到着したのは、「ブロブディンナグ」です。リリパットとは逆に、ブロブディンナグの住民は身長がガリヴァーの約12倍という巨人だったので、ガリヴァーは小人として扱われます。彼らは科学と数学に熱中していますが、その知識は現実離れしており、実用性に欠けていました。これは当時の科学者を風刺しています。

その次に、ガリヴァーは飛行島ラピュタのほか、バルニバービ、ラグナグ、グラブダブドリッブ、日本を訪れ、日本からオランダ船で帰国します。これは、まだオランダが日本だけでなくヨーロッパの海運業でも、他を圧倒する存在であったことを示しています。オランダは、イギリス商業の敵だったのです。

最後にガリヴァーが訪れたのは「フウイヌム」です。この国は理性的な馬の「フウイヌム」に支配されており、「ヤフー」と呼ばれる人間は野蛮で下等な存在とされています。ヤフーは、とくに理由もないのに争います。そのためガリヴァーは人間をやめ、馬になりたいと思うようになりました。

『ガリヴァー旅行記』は当時のヨーロッパを風刺しているわけですが、登場する国々は、日本を除いてすべて海外の架空の国です。

18世紀には、いくつもの旅行記が発刊されたため、世界には小人の国も巨人の国もないということを読者は知っていたはずです。にもかかわらず、スウィフトがそのような国を描いたのは、それが風刺を目的としたパロディーであるということが読者に伝わると考えたからでしょう。

3-4　新世界地図

3－4は、1713年に書かれた世界地図です。まだ不正確さが残るものの、北米大陸の北西部以外は、比較的正確に描かれています。前章であげた1594年作成のプランシウスの球体世界図と比べてみても、ヨーロッパ人の世界認識の発展が見て取れるでしょう。

これは、ヨーロッパ人が、世界の地理に関する正確な知識を獲得できるほど多様な地域に行ったという証拠でもあります。近世に蓄積されたヨーロッパ外の世界に関する知識は、プリニウスのように他の文献から集めたものではなく、自分たち自身が経験したことにより獲得されたものだったのです。

そのためメタフィクションでは、「食人」は描かれているものの、プリニウスの『博物誌』に記述されたような奇妙な種族はいなくなりました。ヨーロッパ人が世界を探検し、見聞きした現実の姿を書物にまとめたことで、ヨーロッパ人にとって世界で未知の場所はかなり減少しました。イギリスのメタフィクションは、こうした背景のもと、人々が冒険譚（たん）を「フィクション」として楽しむことができるようになったからこそ誕生した文学といえるでしょう。

ヨーロッパ経済の主役となった砂糖

香辛料は東南アジアから、砂糖はブラジルやカリブ海諸島から輸入されました。香辛料と比較すると、原材料のサトウキビの栽培を含め、砂糖の生産にはより多くの奴隷が必要であり、はるかに巨額の資本投入が求められました。すなわちヨーロッパが海外から輸入する食品の中心が香辛料から砂糖へと変わったことは、大航海時代における大きな経済的転換を意味しています。

18世紀になると、香辛料よりも砂糖のほうが明らかにヨーロッパ経済にとって重要になり、砂糖のおかげでヨーロッパ人の生活水準は上昇していきます。

19世紀、とくに後半になると、砂糖の取引に関わる砂糖産業は、ヨーロッパ経済でもっとも儲かる職業となっており、ヨーロッパにとって、砂糖の主要産地であるブラジルやカリブ海諸島の重要度はますます高まっていきました。換言すれば、18～19世紀のヨーロッパ経済の変貌を語る際に、砂糖を無視することはできないということです。

大航海時代とは、帝国主義時代のはじまりの時代でもありました。西アフリカの黒人を新世界に輸送し、サトウキビの栽培と砂糖の生産をさせたことは、ヨーロッパ人たちが、世界を自分の好きなように動かしはじめたことの表れの一つといっていいでしょう。

また、18世紀前半のイギリスでは、「メタフィクション」という文学形式が誕生しました。その流行は、ヨーロッパ人が世界各地に赴き、もはや未知の土地がほとんどなくなっていたなかで、人々が奇想天外な冒険譚をフィクションとして楽しめるようになったからこそ起こった現象でした。言い換えるなら、メタフィクションは大航海時代の産物だったのです。

本章では、さまざまな背景や周辺情報を交えつつ、ヨーロッパにおいて砂糖が香辛料に取って代わったところを述べてきました。香辛料に代わり、一躍、ヨーロッパ経済の主役となった砂糖は、その後、資本主義経済に大きな影響を与えていきます。次章では、近代における砂糖と資本主義経済について見ていきましょう。

第4章

砂糖と資本主義経済——近世から近代へ

資本主義と「近代世界システム」

資本主義社会とは、経済が絶えず成長することが当然だと考えられている社会のことです。では、その起源は一体どこに見出せるでしょうか。ここでは、まずこういう問題提起をしたいと思います。

近世ヨーロッパは、いくつもの戦争を経験しました。そのため、火器の使用に代表される軍事面の大幅な変革＝軍事革命を経験しました。戦争の遂行には大変な費用がかかります。その影響で多数の国が多額の借金をしなければならず、国家の財政規模は膨れあがっていました。国家は経済成長を成し遂げ、借金を返済しなければなりません。このような状況は、軍事面のみならず、経済面でも国家間の競争を促すことになったのです。

ヨーロッパは、世界各地を軍事的に支配して、植民地化していきました。それと同時に、植民地は徐々に、工業化しつつあるヨーロッパに原材料（第一次産品）を供給する地域となっていきました。

はじめにでも触れましたが、このようにして生まれたシステムを、アメリカの社会学者イマニュエル・ウォーラーステインは「近代世界システム」と名づけました。このシステムは、現在では世界中を覆うようになりました。

ヨーロッパが本格的に工業を発展させたのは19世紀のことであり、18世紀のヨーロッパでもっとも儲かった産業は、前章で述べたように、砂糖産業でした。そのためここでは、砂糖の生産・流通と資本主義経済の関係について見ていきます。

前章で述べた通り、大航海時代にアジアへと触手を伸ばしたヨーロッパ諸国が次に狙いを定めたのは、カリブ海諸島でした。16世紀にポルトガル領のブラジルに導入された砂糖の生産方法は、新世界のいくつもの地域に伝播することになりました。

これは、「砂糖革命」と呼ばれます。砂糖革命によって世界は一体化をはじめ、ヨーロッパの覇権は揺るぎないものになっていきます。

資本主義の起源はまさにこの時代にあるといえますが、だとすれば資本主義経済はどのように形成されてきたのでしょうか。

ヨーロッパが対外進出した別の理由

ウォーラーステインが唱えた近代世界システム論は、国際分業体制を前提として議論が組み立てられています。国際分業体制とは、第一次産品輸出国から工業国へと第一次産品が、工業国から第一次産品輸出国へと工業製品が輸出されたというものなのですが、これを前提とするウォーラーステインの論には、じつは「流通」という視点があまりありません。

いうまでもなく、輸出国から輸入国までのあいだには長い輸送経路があります。輸送経路の変化により輸送コストが上下し、結果的に商品価格が変動するという現実を忘れてはなりません。

ところが、ウォーラーステインの近代世界システム論は、こうした点をあまり考慮せず、単純に、工業国が第一次産品輸出国を収奪するという図式を描いています。

すなわち、第一次産品輸出国は工業国に原材料を輸出し、工業国から工業製品を輸入します。そのため、第一次産品輸出国では工業は発達せず、経済は成長せず、工業国に収奪されることになるという主張です。じつは、そこに大きな問題があるのです。

第一次産品の輸送のすべてを第一次産品輸出国が担ったと仮定してみましょう。

この状況下では、工業国は、第一次産品国なくしては製品を製造できません。工業国の命運は第一次産品国が握ることになるため、工業国と第一次産品輸出国の「支配＝従属」の関係は成立しません。

輸送ルートを押さえている第一次産品輸出国は、工業国の製造品を自分たちで販売することができます。もう少し詳しくいうなら、工業国は、第一次産品輸出国なしでは商品を売ることはできません。収奪されるのは工業国のほうになるわけです。

第一次産品輸出国は工業国に第一次産品を買ってもらい、その輸送をも一手に担うことで、工業国から工業製品を購入するだけの余剰をもつことになります。

一方、工業国は、第一次産品輸出国の船を使って、その船を所有する国にしか工業製品を輸出できないことになります。つまり輸送そのものを第一次産品輸出国が担っているために、工業国は自由に他国に輸出（輸送）ができなくなるということです。自国製品の販路がきわめて狭くなる、今様にいえばビジネスチャンスが非常に小さくなるわけです。

以上からもわかるように、輸送路を握っているというのは、きわめて重要なことなのです。どんなに素晴らしい商品を製造したところで、それを販売できなければ企業は倒産します。国も同じです。どんなに素晴らしい自国製の製品があっても、それを他国に輸出する手段がなければ国内消費にとどまり、経済は一定以上は発展しません。

だからこそヨーロッパの国々は、対外進出することにより、まず流通ルートを押さえてから自国の工業製品を輸出したのです。香辛料や砂糖など他国からしか豊富に入手できないものを求めるだけでなく、自国の工業製品の販路拡大の意味もあり、それもまた世界で支配的な立場を築くことにつながっていったといっていいでしょう。

流通から見た支配＝従属関係

輸送路を握ることの重要性を理解していただいたところで、流通という観点から、近代の国際的な支配＝従属関係について考えてみましょう。その出発点として、アメリカ人研究者スティーヴン・トピックが提示した「商品連鎖（commodity chains）」という考え方を紹介します。

商品は、多くの人の手をへて、原材料から中間財（原材料に加工を加えているが、最終製品になる前の段階にある商品）となり、やがて最終製品となって消費者に購入されます。トピックは、このような商品の流れを商品連鎖と名づけました。

商品は長い流通経路をへて遠く離れた場所へと運ばれ、そこに住む人々に購入されます。世界的な商品であるならば、その商品を研究することで、商品流通、商品生産のネットワークが研究できます。この商品連鎖に参加する人々や制度、さらに技術は多数あります。そのため商品連鎖という概念を用いて、多くのことが研究できるのです。

この概念はまた、ある国ないし地域が、別の国や地域に経済的に従属する理由を説明することもできます。

工業国家が第一次産品輸出国を収奪したことは、ある程度、事実でしょう。ただし、ウォーラーステインの近代世界システム論をはじめ、これまでの議論の問題点は流通過程を誰が担うかという問題を無視、少なくとも軽視してきたことにありました。工業国が第一次産品輸出国を収奪できたのは、その輸送経路を押さえてきたからであるという点が見過ごされていたのです。

ヨーロッパは、対外進出にあたり、まず輸送経路を確保し、その後ヨーロッパの製品をヨーロッパの船舶で輸出しました。この事実を無視して、工業国と第一次産品輸出国の支配＝従属関係を語ることは不可能です。

また、あまりにも商品連鎖が長ければ、工業国が第一次産品輸出国に与える影響は、微々たるものになったとも考えられます。ここでも支配＝従属関係は成立しません。中世において香辛料は、東南アジアからインド洋をへて、エジプトのアレクサンドリアで陸上げされ、ヨーロッパに輸送されました。香辛料の輸送経路は、世界を半周するほどに長かったうえに、その過程には、ヨーロッパ人以外の多数の商人が介在していたことはこれまで見てきた通りです。したがって、香辛料貿易による支配＝従属関係は成立していませんでした。

一方、18世紀になると、砂糖の輸送のほとんどをヨーロッパ人が担っていたため、ヨーロッパの国々と砂糖産出国とのあいだには支配＝従属関係が生まれることになったのです。

この違いは、いわば近世と近代の違いといえるでしょう。

砂糖革命とは何か

前章で見たように、17世紀には新世界が砂糖生産の中心地となり、新世界最大の輸出品も砂糖となったことを、歴史家は砂糖革命と呼びます。

この砂糖革命を担った重要な人々は、二つに分けられます。

よく知られているのは、西アフリカから移送され、サトウキビ畑で労働力として使われた黒人奴隷ですが、サトウキビの栽培技術を伝播したのは、ディアスポラの民となったイベリア半島を追放されたユダヤ人のセファルディムという人々でした。ここでは、17世紀中頃に黒人とユダヤ人が交差した歴史という側面から砂糖革命を見てみましょう。

1621年、オランダは西インド会社を創設し、ポルトガルのアフリカ領とアメリカ領を奪い取ろうとしました。西インド会社は1624年に多くの船隊を初めて南大西洋へと送りました。そしてブラジルのレシフェ、さらにはペルナンブーコを領土にすることに成功し、ついにはポルトガル領アフリカをも占領してしまいます。

オランダは、1609年にのちのハドソン湾とマンハッタン島を「発見」し、ニーウ・ネーデルラント（ニュー・ネーデルラント）と呼んでいたのですが、１６２６年にマンハッタン島をデラウェア先住民から購入し、ニーウ・アムステルダム（ニュー・アムステルダム）と名づけました。

もっともニーウ・アムステルダムは第二次イギリス－オランダ戦争を集結させたブレダー条約で、イギリス人の植民地であった南米のスリナムと交換され、ニューヨークと改名されました。そののち、オランダは北米への進出を断念することになります。

１６４０年代になるまで、オランダは一時的にではあれ、ペルナンブーコとポルトガル領アフリカを占領していました。そしてそれは、アメリカ大陸の砂糖生産とアフリカの奴隷制度に大きな影響をおよぼすことになったのです。

ペルナンブーコが再度ポルトガルの手に落ちた１６５４年には、オランダから渡ってきた人々と彼らが所有する奴隷により、カリブ海のオランダ領植民地でサトウキビが栽培されるようになっていました。カリブ海諸島では、オランダ人到着以前にもサトウキビは栽培されていましたが、彼らこそ砂糖生産を定着させた人々でした。

今、「オランダから渡ってきた人々」と表現を濁したことには訳（わけ）があります。サトウキビ栽培の技術をブラジルからカリブ海諸地域に伝播させた彼らは、オランダからブラジルへと渡ったセファルディムであったと最近では考えられているのです。

この点が、おそらく砂糖の歴史を著したものとしてもっとも有名なシドニー・W・ミンツの『甘さと権力――砂糖が語る近代史』から、研究が大きく進歩した点でしょう。

セファルディムは、オランダのアムステルダムとロッテルダムに避難先を見つけ、元来のイベリア半島の故国と、外国の植民地との貿易に大きく寄与したことで知られます。

セファルディムはまた、旧世界に比べて、はるかに自由に商業活動ができた新世界へと積極的に出かけていました。その第一の移住先がブラジルでした。彼らはブラジルから西インド諸島に砂糖栽培を拡大し、オランダのプランテーション植民地が発展する過程に大きく貢献したのです。

というのも、ブラジルのプランテーションで奴隷を所有しており、サトウキビの栽培法を知っていたセファルディムの一部が、カリブ海のオランダ、イギリス、フランスの植民地に

4-1　シドニー・W・ミンツ『甘さと権力』ちくま学芸文庫

移住したからです。これらの土地を砂糖生産の新しい拠点とした彼らは、ユダヤ人の奴隷所有者といわれました。

この時代、カリブ海から北米・南米にかけた広範なエリアでユダヤ人のコミュニティが見られましたが、彼らのほとんどはセファルディムであり、サトウキビの生産方法を新世界に広めた人たちだったのです。

このように、新世界が砂糖の王国となり、砂糖革命の舞台となったのは、スペインやイベリア半島を追われオランダに住んでいたセファルディムが、新世界に渡り、住み着いたからです。セファルディムと黒人、これらのどちらが欠けていても、砂糖の生産量が増え、ヨーロッパが豊かになるということはなかったでしょう。

イギリスにおける商業革命と生活革命

イギリスは、1660年の王政復古から1780年頃までの120年間で、経済構造を大きく変化させました。イギリス経済史・海事史の泰斗（たいと）、ラルフ・デイヴィスは、この現象を「商業革命」と名づけています。

この期間にイギリスの海外貿易の総量は劇的に増大しました。それまでは同じヨーロッパ内の国々が主な貿易相手でしたが、アメリカ・アフリカ・アジアとの貿易の割合が上昇し、ヨーロッパ外世界がイギリスの貿易相手の中心となります。

貿易商品については、輸出品は毛織物から綿織物に変わり、輸入品はアメリカの砂糖やタバコ、アジアの綿織物や絹織物が中心になりました。

このような変化の中心になった商品は砂糖であり、それはカリブ海のなかの西インド諸島で生産されていたものでした。イギリス史家として名高い川北稔（かわきたみのる）によれば、その西インド諸島の砂糖こそが、商業革命期のイギリスに莫大（ばくだい）な富をもたらしたものだったのです。

ヨーロッパには、砂糖をはじめとするヨーロッパ外世界の産品が流入しました。それはヨーロッパの人々にとってはエキゾチックな「舶来品」（この語も死語になったかもしれませんが）であり、彼らの生活を変えました。

ここでは、そのなかでも日本でもっとも研究が進んでおり、ヨーロッパのなかでもおそらく経済成長率が一番高かったと思われるイギリスの生活革命について述べてみましょう。

商業革命は、世界に先駆けて産業革命を成し遂げる前提条件を形成しただけではなく、都市の発展、商人階級の勃興（ぼっこう）をもたらしました。

1620年代にすでに16世紀中頃の半値となっていた砂糖は、その後も急速に価格が下がり続け、17世紀後半だけでも50パーセントほど安くなりました。そして砂糖の供給量は17世紀後半だけで5倍に、1775年のアメリカ独立戦争頃までには、さらに4倍になりました。

18世紀までには、砂糖は「ジェントルマンの奢侈品」であり、庶民にとっては手の届かない高級品でしたが、ジャマイカでも砂糖栽培がはじまると、庶民にとってさえ不可欠な食品になりました。

砂糖はコーヒーや茶の甘味料として用いられた以外に、西インドから輸入されたラム酒（原料はサトウキビ）でつくるパンチにも大量に用いられ、さらにはデザートや菓子など一般の料理にもしばしば使われるようになりました。

それまでは新奇な奢侈品として非常に高価だったものが、大量に生産されるようになったことで急速に価格が低下し、消費層が広がるというのは珍しいことではありません。そして消費層の広がり、需要の高まりが、また新たな供給をもたらすというスパイラルがはじまるのです。18世紀イギリスでは、それが砂糖において起こったというわけです。「需要が増えると、さらにそれは次の供給をもたらす」という過程は、自律的に進行します。

貿易の急速な展開にともなって、商人をはじめとする中産階級が富裕になり、イギリス近代史を通じての支配階級であるジェントルマン（地主）の生活をまねるようになります。そのなかで、砂糖を中心とする新商品を消費する習慣は、上流ジェントルマン層から中産層上層部へ、さらには中・下層民にいたるまで短期間のうちにひろがり、庶民たちもまたジェントルマンの生活の真似をしはじめます。17世紀後半以後のことです。

このように、新しい消費習慣は新しい生活様式を生み出します。それが生活革命の特徴です。17～18世紀イギリスの生活革命とは、まさしく砂糖を中心とした新商品を幅広い層が買えるようになったという消費習慣の変化から生まれた庶民生活のジェントルマン化でした。

これと同様の現象は、イギリスほど顕著ではないにしても、ヨーロッパの他の国々でも見られました。生活革命は、イギリスを中心としたヨーロッパ諸国に同時多発的に生じた時代の潮流だったのです。

イギリスとフランスの経済力を分けたもの

産業革命期のイギリスに、砂糖が莫大な富をもたらしたと述べました。イギリスは新世界から大量の砂糖を輸入していましたが、そのうちヨーロッパ域内の貿易に回るものは少なく、じつに75パーセントがイギリス国内で消費されました。

では、ヨーロッパの他の国々は、どうやって砂糖を入手していたのでしょうか。

大西洋貿易において、イギリスよりも貿易の成長率が高かったのはフランスでした。フランスは、サン・ドマング（現ハイチ）から大量の砂糖を輸入していました。しかしイギリスと異なっていたのは、フランスに輸入された砂糖の国内消費比率は35～40パーセント程度であり、フランスから他国へと輸出される砂糖の割合のほうが高かった点です。そのうち多くは、ドイツのハンブルクに向かいました。

ハンブルクは当時ヨーロッパ大陸の製糖業の中心であり、この都市の台頭に製糖業が大きく貢献していました。18世紀の大西洋貿易では、イギリスとフランスが競争していました。フランスのほうがイギリスよりも貿易の成長率が高かった時期も、じつは少なくありません。しかし、イギリスは大西洋貿易で輸入した砂糖を自分たちで食し、生活水準を大きく上昇させたのに対し、フランスはそれができませんでした。フランスは、砂糖をハンブルクに再輸出したからです。

ここに、両国の決定的な差がありました。イギリスのほうが植民地との結びつきが強く、植民地との貿易の急拡大により、フランスよりも経済が成長する度合いが高かったと考えられるのです。

イギリスに渡った密輸茶

イギリスと砂糖の結びつきを語るには、やはりイギリスがヨーロッパきっての茶の消費国であったことを避けては通れないでしょう。イギリス人の生活必需品ともいえる紅茶には、甘味料として砂糖が欠かせませんでした。ここでは、いかにしてイギリスが「茶の大国」になったのかを少し見ておきたいと思います。

イギリスの茶市場はイギリス東インド会社が独占していましたが、関税が高かったので、茶はきわめて高価な商品になっていました。

１７８４年のピットの「減税法（Commutation Act）」で茶への税率が１１９パーセントから12・５パーセントへと低減され、茶の価格は低下しますが、それまでは茶の密輸が盛んにおこなわれていました。関税をすり抜けられる密輸ならば、高い関税による市場価格上昇を免れるからです。

当時、イギリスに密輸茶を送り込んでいた代表的な国はフランスです。

フランスは１６０４年に東インド会社を設立します。１６６４年には国営会社、１７１９

年にはフランスの国営貿易会社（西方会社、セネガル会社、アフリカ会社、ギニア会社、サンド・マング会社、シナ会社、東インド会社）がすべて統合された「インド会社」と改称されます。インド会社は東西インドの貿易をおこないましたが、１７３１年、アフリカとルイジアナが切り離され、ふたたび東インド貿易に専念することになります。

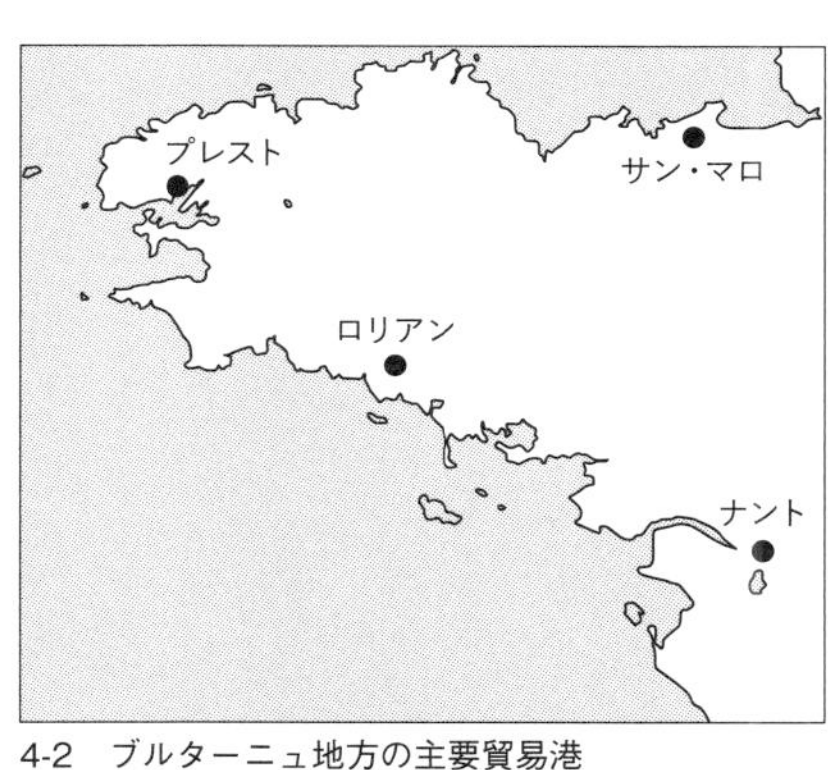

4-2　ブルターニュ地方の主要貿易港
出典：Pierrick Pourchasse, “Breton Linen, Indian Textiles, American Sugar: Brittany and the Globalization of Trade in the 18th Century”,『京都産業大学世界問題研究所紀要』第28巻、2013年、159頁。

同社のフランスの根拠地はブルターニュ地方のロリアンに、東アジアの拠点としてはインド東南部のポンディシェリや東北部のシャンデルナゴルがありました。

17世紀終わり頃のブルターニュの人口は約２００万人であり、フランスの総人口の10パーセントを占めていました。

注目すべきことは、フランスの茶の輸入量です。フランスは茶ではなくコーヒーの消費国ですから、フランスに輸入された茶もまた、世界最大の茶の消費国イギリスに密輸された可能性が高いのです。

1749〜1764年にフランスが広州から輸入した茶の総額は、年平均で1192万5288リーヴル、1766〜1775年は1228万5739リーヴルであり、そのうちブルターニュへ輸送されたものが占める割合は、それぞれ42・71パーセント、50・16パーセントでした。

この時代を通じて、フランスの茶の輸入のうち、ブルターニュが占める比率は82・46パーセントもあったことになります。しかも、その多くはナントに輸出されていました。18世紀のナントは奴隷貿易の拠点として知られていますが、広州からの茶の輸入も重要だったのです。

ブルターニュに輸入された茶は、主としてイギリスとオランダに輸送されました。イギリスへの輸出は、多くが密輸であった考えられています。オランダからどこにいったかは詳らかではありませんが、イギリスに再輸出されるものも多かったと思われます。

スウェーデンも茶を密輸していた

イギリスに密輸茶を送り込んでいたのは、フランスだけではありません。スウェーデンも、フランスに負けてはいませんでした。

イギリスやオランダ以外にも「東インド会社」という名称の会社はいくつかありましたが、いずれも英蘭の会社のように強力な軍隊はもってはいませんでした。そのなかでも、とくに規模が小さかったスウェーデン東インド会社は、現在では、本国スウェーデンにおいてさえ、あまり存在を知られていないのです。

スウェーデン東インド会社は、１７３１年に特許状を与えられて創設され、１８１３年に解散した会社です。根拠地はスウェーデン西岸のイェーテボリにありました。

活動していた80年余りのあいだに、スウェーデン東インド会社は、１３２回、アジアへ航海をしています。うち１２４回は中国の広州、５回は広州とインド、そして3回はインドが目的地でした。特許状ではスウェーデンの喜望峰以東のすべての地域との独占権が付与されていましたが、現実には、スウェーデン東インド会社の貿易とは、広州との貿易を意味しました。

ただしスウェーデンから中国に輸出するものはほとんどなく、取引のほとんどが中国からの輸入でした。その多くを占めていたのが茶だったのです。スウェーデン東インド会社の輸入額に占める茶の比率は、１７７０年には69パーセント、１７８０年には80パーセントに上昇しています。

スウェーデン人は、茶ではなくコーヒーを飲む人々です。したがって、スウェーデンへと輸出された茶の多くは、スウェーデンから他国へと再輸出されたと考えられます。そしてそのほとんどが、イギリスに送られたと推測されているのです。

イギリスはヨーロッパ最大の茶の消費国でした。イギリスに輸出される茶は、イェーテボリから直接イギリスに運ばれるのではなく、オランダとオーストリア領ネーデルラントをへて再輸出された可能性が高く、しかも、それは密輸品であったと考えられます。さらには、広州からハンブルクにも茶が輸出されていましたが、この都市の後背地はエルベ川流域、さらにはバルト海地方です。これらはおおむねコーヒーを飲む地域ですから、そこに茶が輸出されたとは考えられません。たしかにバルト海地方に位置するロシアは茶の輸入国でしたが、貿易統計を見ると、バルト海を通る茶の輸入はほとんどありません。

またハンブルクは「小ロンドン」と呼ばれたことがあるほどロンドンとは密接な関係にあったため、ハンブルクからロンドンに茶が密輸されたと推測するほうが自然です。

ことほどさように、ヨーロッパ人にとって、茶は、重要な密輸品だったというわけです。

密輸がイギリスを茶の大国にした

イギリスの茶は、イギリス東インド会社が輸入したものとはかぎりませんでした。1784年以前にイギリスに密輸された茶の量は400万〜600万ポンドという説もあれば、750万ポンドいう説もあります。いずれにせよ、17世紀中頃には、茶の密輸は例外的ではなかったといわれています。

こうした密輸の背景には、先ほども少し触れたように、茶に対してイギリス政府が課していた関税の高さがあります。1784年に減税法が導入されるまで、茶の関税率は80パーセントを下回ることはほとんどなく、100パーセントを越えることも珍しくはありませんでした。

茶は英仏海峡にあるチャネル諸島、アイリッシュ海にあるマン島を通って密輸されました。どちらもイギリスの関税とは違うシステムのもとで運営されていたからです。こうしてイギリスに持ち込まれた密輸茶は、サセックス、ケント、サフォークに到着しました。それは、1784年の減税法で茶の関税率が引き下げられるまで続いたと考えられます。

スウェーデン東インド会社が、主としてオランダとオーストリア領ネーデルラントをへてイギリスに持ち込んだ茶は低級品でした。一方、フランスから密輸された茶は高級品で、イギリスの富裕層が消費していたようです。

どちらの茶も、高い関税をかけられて合法的に輸入された茶よりは、はるかに低価格だったことはいうまでもありません。

この二国のおかげで、イギリスの茶の価格は大きく低下しました。両国は、イギリスが世界最大の茶の消費国になることを助けたのです。

この頃、国家の力はまだ弱く、商人が自発的におこなう貿易をコントロールすることなど不可能でした。そのため、国際貿易商人は国家を超えて協力することで、大きな利益をえました。砂糖と切っても切れない茶の密輸は、その典型的事例といえるのです。

新世界が変えたヨーロッパ人の労働観

あくまでも国内での商売、あるいは近隣諸国との貿易で成立していたヨーロッパ諸国の経済は、自ら対外進出し、アジアや新世界とも直に貿易をするようになったことで、大きく様相が変わりました。

本章では香辛料に取って代わった砂糖を中心に、ヨーロッパの経済の変化についてみてきましたが、経済の変化は、すなわち、人々の消費習慣、生活、さらには労働のあり方までをも大きく変えることを意味しました。

そこで起こった人々の変化を、ドイツの社会学者マックス・ウェーバーは、「人々は、禁欲の結果として労働を増やした」ととらえ、またドイツの経済学者ヴェルナー・ゾンバルトは「欲望を満足させ、より良い生活を求めて勤勉になった」ととらえました。

彼らの説を、私たちはどう見たらいいでしょうか。まずいっておかなければならないのは、二人とも、労働時間のなかに家庭内労働を入れていないということです。もし家庭内労働を捨象して論じるなら、正確には、ヨーロッパ人は余暇よりも労働を選んだのではなく、家庭内労働の時間を減らして市場での労働に精を出したというべきでしょう。

労働時間が増えたのではなく、家庭内労働のいくらかが市場労働に回った、つまり、いわば労働の内訳が変わったにすぎないということです。

市場の拡大は、ヨーロッパ外世界への拡大と大きく結びついていました。

新世界の商品が大量にヨーロッパに流入した時期は、折しも18世紀、重商主義者が、労働者を低賃金で働かせるよりも、高賃金にしたほうが労働者のモティヴェーションが高まり、結果として実入りが多くなると主張した時期と重なります。その背景には、家庭ではなく市場で働くようになった労働者の増加があったと考えるべきでしょう。

ヨーロッパ内部で生産される農作物や国内産品であれば、物々交換されたかもしれません。しかし、ヨーロッパ外からの商品は物々交換されることはなく、市場で取引されたと考えるのが妥当です。

合法的に輸入されたものは関税をかけられたうえで、市場に出回っていました。また、関税をすり抜けた密輸品は、おそらくブラックマーケットという、正規のルートとはまた別の形態での「市場」取引がなされました。

市場で取引されるもののうち、ヨーロッパ外からくる商品比率が増えていったことは確実です。このように外からの商品の流入によって自国経済の様相が変わるなかで、人々は、家庭ではなく市場での労働を選んだのです。それは市場の発展と同時に発生しました。このような変化は、「働き方革命」と呼ぶべきだと思います。

新世界とアジアが一つになる

貿易統計を見るかぎり、18世紀後半には、おそらくヨーロッパ全体で、急激に新世界からの産物が流入するようになっています。人々はコーヒー、紅茶、砂糖、タバコ、さらには綿などの外国の商品を市場で購入するようになり、ヨーロッパは、ヨーロッパの外から輸入した消費財がより多く出回る社会になりました。

それは、言い換えれば「贅沢が許される社会」です。

人々は、自分たちの生活を豊かにしたいという思いから、家庭内ではなく市場での労働を選びました。当時の人々にとっての「豊かさ」とは、より多くの消費財を購入できるということであり、その消費財の多くをヨーロッパ外製品が占めていました。インドからの綿織物がよく売れたことも、そして砂糖の取引量が激増したことも、その表れといえるのです。

先述したように、砂糖が用いられる主要な消費財に、茶（紅茶）があります。茶の歴史については角山栄『茶の世界史』（中公新書、１９８０年）に詳しいのですが、茶は、法的には、東インド会社がアジアから輸入することになっていました。

イギリス東インド会社の取引の内訳を見ると、最大の輸入品は綿を中心とする繊維製品であり、18世紀初頭まで全輸入額のほぼ70パーセントを占めていました。コショウの輸入額は、17世紀末には年によって20パーセントほどになることもありましたが、18世紀になると5パーセント程度にまで低下してしまいます。

それと反対に急上昇したのが茶であり、１７６０年には、総輸入額の40パーセントを占めるようになるのです。それは、茶に入れられる砂糖がカロリーベースとなるばかりか、香辛料よりも汎用性の高い食品だったためだと思われます。

イギリス人の食卓では、しばしば茶（紅茶）が出されますが、紅茶には砂糖がつきものです。イギリス人の手の内のティーカップのなかで、砂糖と茶（紅茶）、つまり新世界とアジアが一つになったのです。まさしくイギリスが世界覇権を握ったという歴史を物語る一つの像が、ここに浮かび上がってくるのです。

資本主義経済と砂糖の蜜月の時代

ヨーロッパの経済・商業・生活は、ヨーロッパの対外進出によって大きく変わりました。コーヒー、茶、タバコ、砂糖などの嗜好品を消費するようになった人々のライフスタイルは変化します。それは、新しい生活パターンの誕生を意味しました。ヨーロッパ人にとって、海外からの食品は、香辛料以上になくてはならないものになりました。

海外から輸入される食品のなかで、もっとも重要なものは砂糖でした。砂糖は、ヨーロッパ人のカロリー摂取量を増大させ、また砂糖産業は、ヨーロッパに最大の利益もたらす産業になりました。

このように、経済、商業、生活が変化するなか、人々は、もっとヨーロッパ外から流入してくる魅力的なものを買えるようになるため、収入の増大を求めました。そこで人々は働き方を家庭内労働から市場での労働へとシフトさせていきます。

この働き方の変化が市場経済の成長につながりました。言い換えれば、輸入品目の購買力増大のために収入増大を求めた人々の働き方が、経済を成長させる方向に向かったということです。

その点から、近代ヨーロッパ経済の発展、さらに、その延長線上にある資本主義経済の誕生の背景には、対外進出したヨーロッパに流れ込んで人々を魅了したヨーロッパ外の産物、とくに砂糖があったといっても過言ではないでしょう。

さて、本書で扱う調味料と世界史の軌跡は古代にはじまり、中世、近世、近代をへて、いよいよ現代へと移ります。

ヨーロッパの対外進出により、世界各地のさまざまな食品、作物が世界中で流通するようになったことで、新世界のあり方も旧世界のあり方も劇的に変化しました。その延長線である現代に、新たに世に送り出され、料理の味や食文化に大きく影響したものとは何だったのでしょうか。次章では、それについて論じていきます。

第5章

第二次産業革命がつくりあげた世界——現代における食の多様性

産業革命と現代の香辛料

近代世界が形成される最大のきっかけとなった出来事は、おそらく産業革命でしょう。

産業革命とは、長期的に見れば、有機経済（手工業や農業などの伝統的な経済活動）から無機経済（石炭や蒸気機関など無機的なエネルギーを用いて機械化、大量生産、工場生産をおこなう経済活動）への転換です。ここでイギリスをはじめヨーロッパは工業国家となりますが、対照的に中国はそれに成功せず、両者には大きな経済格差がつくことになりました。これが、ポメランツに代表される、「大分岐」論の支持者の意見です。

ただし、有機経済から無機経済への転換という点においては、18世紀後半のイギリス産業革命（第一次産業革命）よりも、19世紀末の米独の第二次産業革命のほうが重要であると私は考えています。第一次産業革命は綿織物、第二次産業革命は重化学工業が中心でした。

綿織物は軽工業のため投下資本も少なかったのに対し、重化学工業には多額の資本を投下しなければなりませんでした。それは企業の自己資本だけでは賄えないほどの額になる場合も多かったため、たとえばドイツでは、企業に融資する銀行業が大きく発展しました。ドイツの経済学者ヒルファーディングは、そのような様子を、「金融資本」と名づけました。

第二次産業革命にともない、化学繊維が生産されるようになります。化学繊維は自然界には存在しません。それが人工的に生産されるようになったことこそ、まさに第二次産業革命で重化学の進展がもたらした革命的な変化といっていいでしょう。

本書では、これまで香辛料と砂糖を中心に論じてきました。どちらも自然の恵みの産物ですから、どうしても生産量には限界があります。それに対し、人工的に化学合成されたうま味調味料の生産量の限界は、ずっと高いところにありました。こんにち、外食産業が発達し、多様な食べ物があるのも、煎じ詰めれば第二次産業革命を起点とするうま味調味料（もともとは「化学調味料」と呼ばれていました）や食品添加物があるからです。その意味で、うま味調味料とは、いわば「現代の香辛料」なのです。

現在では、さまざまな食品が世界中で輸送されています。それは、蒸気機関が発明されたことを起源とする交通革命の帰結でした（第二次産業革命に交通革命を入れることには異論があるかもしれませんが）。そして、それは同時に冷凍食品、さらにはうま味調味料や食品添加物の大量生産、大量消費をもたらしたのです。

アメリカ大陸の恩恵

大航海時代以降、世界の海上ルートでの商業では、ヨーロッパ人が支配的になっていきます。ヨーロッパ諸国は工業国であり、輸出商品は工業製品でしたが、それにとどまらず、海上ルートの覇者として世界中のさまざまな商品を運ぶようになりました。

ヨーロッパの食品の輸出額は、工業製品のそれと比較すると、はるかに少なかったと考えられます。ヨーロッパにとって新世界の砂糖が重要だったことは、すでに述べた通りですが、その他、新世界を原産地とする食料の重要度は、どの程度だったのでしょうか。

現代の香辛料といえるうま味調味料に入る前に、近代世界の食品事情全般について述べておきましょう。

民族学者の山本紀夫（やまもとのりお）によれば、新大陸の文明は、地球上の熱帯圏のなかで「熱帯高地」と呼ばれる地域に誕生し、発展した文明の一つです。

一般にいわれるメソポタミア、エジプト、インダス、黄河文明の標高はあまり高くはなく、そこで栽培される植物は麦類やコメが中心でした。それに対し新大陸では、旧世界には見られなかったジャガイモやトマト、トウモロコシ、トウガラシ、キャッサバなどの産品が生産されていたのです。

これらアメリカ大陸原産の作物は、大航海時代を契機にヨーロッパ諸国の船で世界中に運ばれることになり、長期的には人口増加期を支え、世界の人々の生活水準の向上に寄与していきます。

コロンブスが新世界を「発見」する以前のアメリカ大陸では、100種類以上の植物が栽培されていました。しかも、現在、世界で栽培されている作物の約6割は、アメリカの先住民が栽培していたものです。つまり、新世界原産の野生種の植物がなければ、現在の食の多様性もなかったはずなのです。

新世界の作物、山本がいうところの「高地文明」の作物は、旧世界で食されるようになっていきます。具体例をあげると、イギリスの国民食といえるフィッシュ・アンド・チップスには、油で揚げたジャガイモが必須です。この食事は、19世紀後半に、もともとイギリスでよく食されていたフライドフィッシュ（魚フライ）から派生的に誕生したとされています。

フィッシュ・アンド・チップスが普及した理由はいろいろあるでしょうが、生魚を食材として入手できるようになったことが、非常に重要なことだということは間違いありません。

また、もとは富裕層のものだったフライドフィッシュが一般の人々にも広まったのは、むろん、蒸気トロール船が導入され、氷を利用して魚を新鮮な状態で保存し、その魚が鉄道を使って輸送されるようになったことも、非常に大切な要因だったと考えられます。

こうして庶民食となったフライドフィッシュに新世界からもたらされたジャガイモを同じ

くフライにして添えたことが、フィッシュ・アンド・チップスのはじまりというわけです。

もう一つ、ヨーロッパからは離れてしまうのですが、アメリカ大陸原産の作物が世界に広まったことを象徴する事例をあげておきましょう。

韓国のキムチというと、誰もが、トウガラシを使った真っ赤な野菜の漬け物を思い浮かべると思いますが、トウガラシはアンデスを原産地としています。じつは、初期のキムチは単純に野菜を塩漬けにしたものでした。それが12世紀頃から、各種の香辛菜類も加えてつくられるようになったことで、単なる塩漬けとは違う独特のキムチの風味が生まれました。しかし、トウガラシが使われるのは、もっと後のことです。

トウガラシは16世紀に韓国に伝来し、18世紀頃からキムチづくりに本格的に使われるようになります。さらに19世紀には、キムジャンキムチ（冬場のキムチ）づくりに適した結球白菜の栽培も普及したことで、私たちがよく知る典型的な韓国キムチの姿となりました。

新世界を原産地とする食品は、このように、蒸気船の時代になってから世界中に流通するようになったのです。その量は、今なお、どんどんと増え続けています。

コロンブスの不平等交換？

旧世界と新世界の「コロンブスの交換（Columbian Exchange）」とは、アメリカ人の歴史家アルフレッド・クロスビーが提起した概念です。コロンブスによるアメリカ大陸の発見後にはじまった、ヨーロッパ、アフリカ、アジア、アメリカ大陸間での植物、動物、食品、人口（奴隷を含む）、病原体などの交換を指します。

この交換は、新旧世界間での文化や生態系に重大な影響を与えた歴史的な出来事でした。そこで大きな利益をえることになったのは、いうまでもなく旧世界です。そのため、先述の山本は、これを「コロンブスの不平等交換」と呼んでいます。

新世界から旧世界へと移植されたものには、トウモロコシ、ジャガイモ、トマト、タバコ、カカオなどがあり、ヨーロッパから新世界に移植されたものには、小麦、サトウキビ、コメ、コーヒーなどがありました。また、ヨーロッパからは馬、牛、豚、羊、鶏などが新世界へ渡りましたが、新世界から旧世界にもたらされた動物はほとんどありません。

さらにヨーロッパから新世界に持ち込まれた病気（天然痘、麻疹（はしか）、インフルエンザなど）は、免疫のない先住民に甚大な被害をもたらし、彼らの人口は急激に減少しました。一方、新世界の風土病であった梅毒は、旧世界でも広まることになりました。

新世界では、先住民が急激に減少したこともあり、西アフリカから黒人奴隷が輸送されます。彼らがサトウキビの栽培、砂糖の生産に従事したことは、すでに述べた通りです。

それでもなお、ヨーロッパと比較すれば南北アメリカは人口が少なかったため、賃金はヨーロッパよりも高い傾向がありました。したがって、ヨーロッパの貧民は、新世界に移住したり、一時的に住み着いたりすることで、母国にいるよりも高い賃金をえることが期待できました。

ところで読者の皆さんは、「母をたずねて三千里」という物語はご存じでしょうか。主人公のマルコが生き別れた母親を探し歩く話なのですが、この母親は、より高い賃金を求めてイタリアからアルゼンチンに移り住み、働いているという設定です。

また、労働者の数が少なかったアメリカ合衆国では人件費が高くつき、それが人的労働力を要しない機械化、すなわち第二次産業革命を促進する大きな要因となりました。

海洋帝国の誕生

1500年から1700年にかけて、オランダの海運業は10倍に成長しました。一説によれば、西欧の船舶の2分の1から3分の1がオランダ船であったといわれます。

東洋に到達するオランダ船の数は、17世紀転換期には、ポルトガル船とイングランド船の合計を上回っていました。オランダがアジアとの貿易において支配的地位を築くことができたのは、そのためです。

イギリス航海法が初めて布告されたのは、1651年のことです。その目的は、まさしくオランダ船の排除にありました。ヨーロッパで最大の商船隊を有していたのはオランダ共和国であり、多数の商品が、オランダ船を使って輸送されていました。そのオランダの船をイギリスの貿易では使わないというのが、この法律の骨子です。

イギリスは、まず植民地を含む大英帝国の内部での自国船の使用に成功し、遅くとも19世紀中頃からは、世界の海運業で支配的な地位につきました。

第4章で、ラルフ・デイヴィスによるイギリス商業革命について述べました。デイヴィスはイギリスの海運業の発展にも目を向け、次のような見方を示しています。デイヴィスによれば、1560年の段階でのイギリスは、海洋国家としてはきわめて低い地位にありました。オランダ、スペイン、ポルトガルはいうにおよばず、ドイツの都市であるハンブルクやリューベックと比べてさえ劣っていたといいます。

こうした劣勢を打破するべく、イギリスは国家主導で海運業を促進していきました。その結果、イギリスが保有する船は、1560年には5万トンだったものが、1788年には105万5000トンと、200年間ほどで21倍に増加したのです。

自国船で輸送できれば、もう外国船に輸送を依頼する必要はありません。自国船の増加は、イギリスの商船と軍船の増強だけでなく、外国人、なかでもオランダ人に輸送料を支払うことで生じていた国際収支の悪化を改善することにも、大いに役立ったのです。

以上からわかるように、近世イギリスの政策は、保護貿易というよりも、むしろ保護海運業を特徴としていました。

ここで海運業と貿易の相違について、少し述べておくことにします。海運業とは、商品を海上ルートによって運ぶことです。一方、貿易とは国境を超えた財と財との交換を表す言葉なのですが、しばしば両者は混同して使用されます。

たとえば、イギリスの商品がオランダ船で運ばれたとしたら、イギリスの貿易は増えるものの海運業の発達にはつながらず、輸送を担ったオランダの海運業が発展することになります。つまり、貿易量が増えることと海運業の発達とは別の事柄なのです。

ヨーロッパによる世界支配はヨーロッパ諸国の貿易量が増加したというのも一因にあげられますが、むしろ海運業、すなわち自国とは異なる国々の商品を運ぶことによって実現されたといったほうが正解といえるでしょう。

近世はオランダ、近代はイギリスが、世界最大の海運国家でした。両国をはじめとするヨーロッパの国々は、自国で建造した船でアジアや新世界の産品を輸入し、自分たちの商品を世界中に輸出しました。ヨーロッパの対外進出と海運業の発展は、切っても切り離せない関係にあったのです。

一体化する食品市場――砂糖・コーヒー・小麦

19世紀後半になると、世界一の海運国家であるイギリスが、自由貿易政策をとりました。それにともない、世界の貿易量は飛躍的に拡大していきます。熱帯植民地を含めて、すべての生産者はグローバルな需要に応じるようになり、植民地の産品は、より多くの地域に輸送されるようになりました。たとえば植民地をあまりもっていなかったドイツは、諸外国の植民地から産品を輸入していました。植民地の産品の輸送先は宗主国とはかぎらなかったわけです。

現に1880年代には、イギリスのロンドンやリヴァプールではなく、アメリカのシカゴとボストンが、カリブ海に位置するイギリス領ジャマイカの最大の砂糖市場になっていました。おそらく、宗主国イギリスよりもアメリカのほうが、格段にジャマイカから近かったためでしょう。

また、オランダの植民地のジャワ島から輸出されるココアの大半は、アメリカ人が消費していました。これはアメリカの生活水準が高く、ココアのような嗜好品を買える人も多かったからと思われます。

もう一つ例をあげると、当時、一人当たりコーヒー消費量が世界で一番多かったのはオランダでしたが、世界一のコーヒー産出国は元ポルトガル領のブラジルでした。

ここで、1913年の世界のコーヒー消費量を見てみましょう。

一年間の一人当たりコーヒー消費量を上位から並べると、オランダ人、デンマーク人、スウェーデン人、キューバ人、アメリカ人、フランス人、ドイツ人となります。見ての通り、1位はおろか、上位7位内にすらポルトガルは登場しません。つまり植民地と宗主国のあいだに経済的関係が見出せないのです。

グローバル化が進んだことで世界の人々の消費は多様化し、世界のさまざまな地域で、同じ原材料からつくられた類似の食品が見られるようになっていました。この時代にすでに、サプライチェーン（原材料や部品の供給元から最終消費者に至るまでの一連の流れ）が存在するようになっていたのです。

違っていたのは、ここで存在していたサプライチェーンが工業製品ではなく、植民地で栽培される産品であったという点です。ヨーロッパが対外進出したことで初めて成立したかに見えて、ひょっとしたら、サプライチェーンは古代世界からずっと続いていたものかもしれません。

ただし古代のサプライチェーンでは、現代と異なり、工業製品が製造されることはなく、また、取引頻度は現在よりもはるかに少なく、輸送速度はずっと低かったことを指摘しておく必要があります。

小麦などの穀物もまた、遠隔地からヨーロッパへと輸入されるようになりました。たとえばロンドンの人々が消費していた小麦は、1830年代には3910km離れた地域から輸入されていましたが、1870年代になると、その距離はおよそ2倍になりました。バター、チーズ、卵も、1830年代には数百km離れた地域から輸入していたのですが、1870年代には、その距離は2000kmを超えていました。これには、蒸気船の使用の増加が影響していると思われます。

以上のように、コーヒーや茶、ココアなどが欧米で大量に消費されるようになると、人々のあいだでは、次第に「生産地は自国から遠く離れている」という意識が薄れていきました。遠い異国から来た舶来品だからといって、とりたてて、ありがたみを感じるわけでもないという消費者心理になっていったのです。

そんななか、遠隔地から輸入された産品は、マスマーケットで購入されるようになりました。あるいは、パリで見られるようにカフェで消費されるようになり、カフェ文化という一つの文化形成の一端を担いました。舶来品はもはや特別ではなく日常的なものとなり、人々の生活に当たり前にあるものとして浸透していったといっていいでしょう。

海運業と流通網の発展

ところで、植民地は第一次産品を欧米の先進諸国に送り、そこで工業製品となるため、アジアやアフリカなどの第一次産品輸出国では工業が発展しないといわれてきました。つまり、第一次産品輸出国は工業国に従属せざるをえません。このような考え方は「従属理論」と呼ばれます。

ただし宗主国と植民地とのあいだでは、こうした従属関係が発生するという話であり、植民地の産品そのものは両者の関係のうちにとどまりません。すでに見てきたように、さまざまな植民地の産品が、宗主国にかぎらない多数の国に運ばれ、欧米各国、ときには日本の人々が消費していました。

しかし、前項でも述べたように、人々のあいだでは「生産地は自国から遠く離れている」という意識が薄れ、さらには、「その商品がどの地域から来たのか」ということにも、だんだん無頓着になっていきました。人々の消費水準の上昇は、商品の無国籍化を生み出したといえます。

消費水準の上昇は、いうまでもなく所得水準の上昇とセットです。所得水準が上昇したのは産業革命の影響もありますが、前章でも述べた通り、個々人がより多くの収入を求め、家庭内労働の多くを市場での労働に充てたからでした。そして人々の所得水準、消費水準の上昇とともに、大量生産、大量消費のマスマーケットが誕生します。

植民地で栽培された産品がヨーロッパの人々の口に入るようになったのは、疑いなく、ヨーロッパの帝国主義のおかげでした。しかし、ひとたび商品がマスマーケットで販売されると、それは帝国主義という色彩を失い、単なる消費財に変わりました。

帝国主義時代とは、欧米列強が世界を分断した時代でしたが、植民地から輸出される産品に関しては、まったく逆の傾向が見られたのです。多くの産品が多くの地域に輸出され、売られるようになったという点だけを見れば、海運業の発展および流通網の発達により、世界は、いわば一つに統合されたというわけです。

この時期に人々の労働も変化しましたが、そこでも、じつは植民地の産品が大きな役割を果たしました。どういうことか、いくつか例をあげましょう。

企業は、労働者のエネルギーと集中力を高めるために仕事のスケジュールを合理化しました。そこで一日の真ん中に長い休止時間を設けるのではなく、短い食事の時間とコーヒーブレイクを導入し、細切れで休憩を入れるようにしました。飲料水の代わりにコーヒーを無料で配る企業もありました。

いうまでもなく、ここで「労働者の休憩時間の必須アイテム」ともいうべきものになったコーヒーは、もとはブラジルを筆頭とする新世界の植民地から運ばれてきたものです。

また、１８７０年代には、ドイツの刑務所や病院がコーヒーを主食のリストに加えました。コーヒーに加える砂糖の熱エネルギーは、国力を高めるために不可欠であるというのが、その理由でした。フランスもまた、１８７６年、自国軍の兵士の日配給に砂糖とコーヒーを加えました。

貴重な栄養補給源として、砂糖を使ったココアパウダーとチョコレートバーが誕生したのも、この時期のことでした。砂糖はもちろん、カカオも新世界の植民地の産品です。

世界はどう縮まったか

15世紀以降の対外的拡張によって、ヨーロッパ世界は大きく変わりました。
貧しかったヨーロッパ人の生活はだんだん豊かになり、それとともに、食卓には新世界からの穀物や砂糖、コーヒー、アジアからの紅茶などが並ぶようになりました。歴史家のあいだで、こうしたヨーロッパ人の生活の変化を「生活革命」と呼ぶことは、すでに述べた通りです。

人々の生活に革命的な変化をもたらしたヨーロッパの対外的進出は、しかし、航海スピードの向上には容易につながりませんでした。

北欧の海事史家イルヨ・カウキアイネンによれば、18世紀まで、ヨーロッパ船の速度はあまり変化しなかったとされています。19世紀になって、ようやく船舶のスピードアップが実現しました。しかし、スピードが上がることと、より確実に到着予定港に入港することは、じつは同じではありません。帆船は、たとえ基本スペックとしてはスピードアップしていたとしても、風向きや天候の影響を受けやすく、実際の航海スピードは決して安定していたわけではないのです。

比較的安定した速度で航海できたのは、帆船ほど風向きや天候の変化の影響を受けなかった蒸気船でした。その蒸気船を使うことで「航海の確実性」は大きく増し、時間通りに到着するということが、だんだん当たり前になっていきます。

19世紀後半になると、遠洋航海では、帆船よりもはるかに蒸気船のほうが頻繁に使用されるようになりました。

イギリスの港を出入りするイギリスの蒸気船の比率を見ても、１８６０年は30・1パーセント、１８７０年は53・２パーセント、１８８０年は74・９パーセント、１８９０年は90・8パーセントと急速に上昇しています。と同時に、航海に必要な日数は確実に減少していきました。

蒸気船の使用により、イギリスからオーストラリアまでの定期航路も実現されます。帆船では、風の影響力が強すぎ、長距離の定期航路を使用することなどできません。蒸気船は、世界中で航海するようになりました。

そのため、北半球と南半球の経済的結びつきは、かなり強められました。蒸気船が使われるようになったことで、多くの商品が、より多くの地域に運ばれるようになったのです。世界の人々の、生活水準は明らかに上昇しました。

５－１は、１８２０年代から70年代にかけて、ブラジル（リオデジャネイロ）－イギリス（ファルマス／サザンプトン）間での情報伝達のスピードの変化を示しています。

年	情報伝達の手段	情報伝達の日数 年平均
1820	ファルマス郵便用帆船	62.2日間
1850	ファルマス郵便用帆船	51.9日間
1851	ロイヤルメール　蒸気船	29.7日間
1859	ロイヤルメール　蒸気船	25.2日間
1872	ロイヤルメール　蒸気船	22.0日間
1872	イギリスからリスボンへの電信とリオ・デ・ジャネイロへの蒸気船	～18日間
1875	電信	～1日間

5-1　ブラジル（リオデジャネイロ）～イギリス（ファルマス／サザンプトン）間の帆船・蒸気船・電信による情報伝達の日数（～は推測）
出典：S-R・ラークソ『情報の世界史――外国との事業情報の伝達 1815-1875』玉木俊明訳、知泉書館、2014年、379頁をもとに作成。

19世紀前中期では船が担っていた情報伝達は、19世紀後期になると電信に移り変わっていきますが、まず船の航海時間が大きく減少したのは１８５０年代、しかも蒸気船ではなく帆船で可能になっています。ここでは航海日数が10日間も短縮しています。

そして１８５１年には、さらに大きな変化が訪れます。帆船から蒸気船に変わったことが、その最大の理由でした。郵便帆船だとリオデジャネイロからファルマスまでの航海に52日間必要だったのに対し、蒸気船であれば、30日間すらかからなくなったのです。20

日間以上の短縮でした。

最初の海底ケーブルは、1850年に英仏海峡に敷設されました。電信により、情報伝達の日数は大きく短縮し、1875年にはたった1日間になりました。しかし必要日数の変動幅だけを見るなら、1850年から1851年の変化は、電信以上に劇的でした。

ともあれ、帆船から蒸気船になり、やがて電信へと通信手段が変化することにより、情報伝達のスピードは大きく改善されたのです。

5-1で示されていることが、どれくらい世界全体にもあてはまるのかは不明ですが、帆船から蒸気船、そして電信へと通信手段が変わったことで、世界を情報が飛び交うスピードが格段に上がったことは間違いありません。

以前は数十日かかっていたものが1日単位にまで短縮されたことで、伝達までの時間に表れる距離感はぐんと縮まりました。世界は、海運業および流通網の発達により一つになり、そして通信のスピードアップにより、いわば縮小していったのです。

蒸気船と電信の発展は、つまりグローバリゼーションを促進しました。これにより世界経済は一体化しますが、1873~1896年に世界最初の大不況が生じたのもまた、グローバリゼーションによる世界経済の一体化が一因です。世界は一つになり、縮小したことで、良くも悪くも、世界の国々は、緩い運命共同体のようになったといっていいでしょう。

第二次産業革命と調味料

海運業の発達により、ますますアジアや新世界の「味」は世界各地へと運ばれるようになりました。それによりヨーロッパによる世界支配は確実なものとなりますが、世界は一つに、そして縮小していきます。

ここまで頭に入れたところで、次は、「現代の香辛料」ともいえるうま味調味料にもつながる第二次産業革命を見ていきましょう。

まず、第一次産業革命は綿織物からはじまりました。長期にわたり、インドの手織物が世界の綿製品の中心だったのに対し、イギリスは、機械化による大量生産の綿織物を送り出しました。また、蒸気機関が発展し、鉄道がいたるところに敷かれたのも、第一次産業革命の頃でした。

第二次産業革命は、おおむね1870〜1914年のあいだの技術革新を中心とする経済成長をいいます。革命の要素として目につくのは、新素材の開発です。アルミニウムや合成染料など、新しい素材が次々と産業に導入されたことが、製品の多様化と品質向上につながり、人々の生活水準の上昇に寄与しました。

また、ガソリンやディーゼル燃料を使用する内燃機関が発明され、自動車や飛行機が開発されました。鉄鋼業も大きく成長することになりました。電話や無線の発明により、「通信革命」とも呼べるような大変革が生じたのも第二次産業革命でのことです。電信は「見えざる武器」と呼ばれ、こんにちのインターネットのような役割を果たしました。

第二次産業革命は、このように、電気、化学、石油の利用が急速に進んだ時期でした。そこで起こった生活水準の上昇は、第一次産業革命のそれとは比較できないほどの上昇でした。そして現在の経済成長は、その延長線上にあるといっても過言ではありません。

たとえば、オートメーションにもとづく大量生産は、第二次産業革命、ないし第二次産業革命から派生したものと考えていいでしょう。また、私たちが日頃着ている服には、かなり多くの化学繊維が使用されています。化学合成で人工的につくられる新繊維の誕生により、天然繊維だけではありえない量の衣服を身にまとえるようになったということです。

そして本書として忘れてはいけないのは、うま味調味料です。これに加えて添加物、さらには冷凍食品が誕生したことで、以前とは比べ物にならないくらい、私たちの食も非常に多様化しました。

その他、私たちが使用している耐久消費財――冷蔵庫・自動車・洗濯機・テレビなど――もまた、煎じ詰めれば、多額の資本を必要とし、大規模な工場生産をおこなう第二次産業革命で生まれたものです。

つまり現代社会を創出したのは、第二次産業革命だったといえるのです。

なぜイギリスがヘゲモニーを握ったのか

イギリスが18世紀後半に産業革命に成功し、世界最初の工業国家となったのは、広く知られる事実です。しかしイギリスがヘゲモニー国家になった理由は、それではありません。20世紀になると、イギリスは「世界の工場」の地位をアメリカやドイツに譲ることになりました。しかし、その一方で、イギリスは世界最大の海運国家となっており、世界中の商品を輸送していました。ドイツとイギリスの工業製品の少なくとも一部はイギリス船で輸出されていましたし、イギリスの保険会社ロイズで海上保険もかけていました。

このように世界最大の海運国家として海運をコントロールするとともに、イギリスは、世界の電信の大半を敷設しました。それ以降、世界の多くの商業情報は、イギリス製の電信を伝って流れていたということです。

また、世界の貿易額が増えれば増えるほど、取引国間の送金はロンドンで決済されることになりました。イギリスは世界の情報の中心となったばかりでなく、他国間で取引があるたび自動的に入ってくる送金手数料も手にするようになりました。

これらを合わせると、何がいえるでしょうか。

海運と電信をイギリスが握ったことは、すなわち、世界経済のすべての活動を、自国の利益に還元できるシステムの構築を意味したのです。

したがって、たとえ工業生産においては世界第一位でなくなっても、イギリスは、何も困ることはありませんでした。むしろ、世界の他地域の経済成長が、イギリスの富を増大させることにつながったというのが現実です。世界中から、手数料がイギリスに流入することになったのです。

イギリスは手数料で生計を立てる国、すなわち「コミッション・キャピタリズム」の国となりました。その影響は現在も強く残っています。大英帝国とは金融の帝国であり、工業立国から金融立国へと舵を切ったことこそが、イギリスをへゲモニー国家へと押し上げたのです。

イギリスの自由主義体制

イギリスは金融の帝国であっただけではなく、19世紀のグローバリゼーションを推し進めた国でもありました。

19世紀の世界市場の統合を論じたオルークとウィリアムソンによれば、さまざまな商品の価格が収斂（しゅうれん）していくという意味での世界の一体化は、1820年代にはじまっています。さらに19世紀後半になると、商品の市場が全世界で統合されていきました。世界市場と無関係な場所は、第一次世界大戦がはじまる頃には、ほとんどなくなっていきました。

このように世界経済が一体化したのは、この時代の世界経済をリードしていたイギリスが、自由主義経済体制をとったからです。

また、蒸気船や鉄道の発達により輸送コストが著しく下がったことや、人も容易に世界を移動できるようになり、より高い賃金を求める労働者が他地域に移るようになったことなども、世界経済の一体化に影響しています。さらには電信が発達したことで送金が用意になったため、この時期、世界的な資本の流れも劇的に増加しました。

その後、人々の移動手段に飛行機が加わり、通信手段は電信からインターネットへと変わるにつれ、商品・人間・資本の移動スピードは、ますます速くなっていきました。食品に関

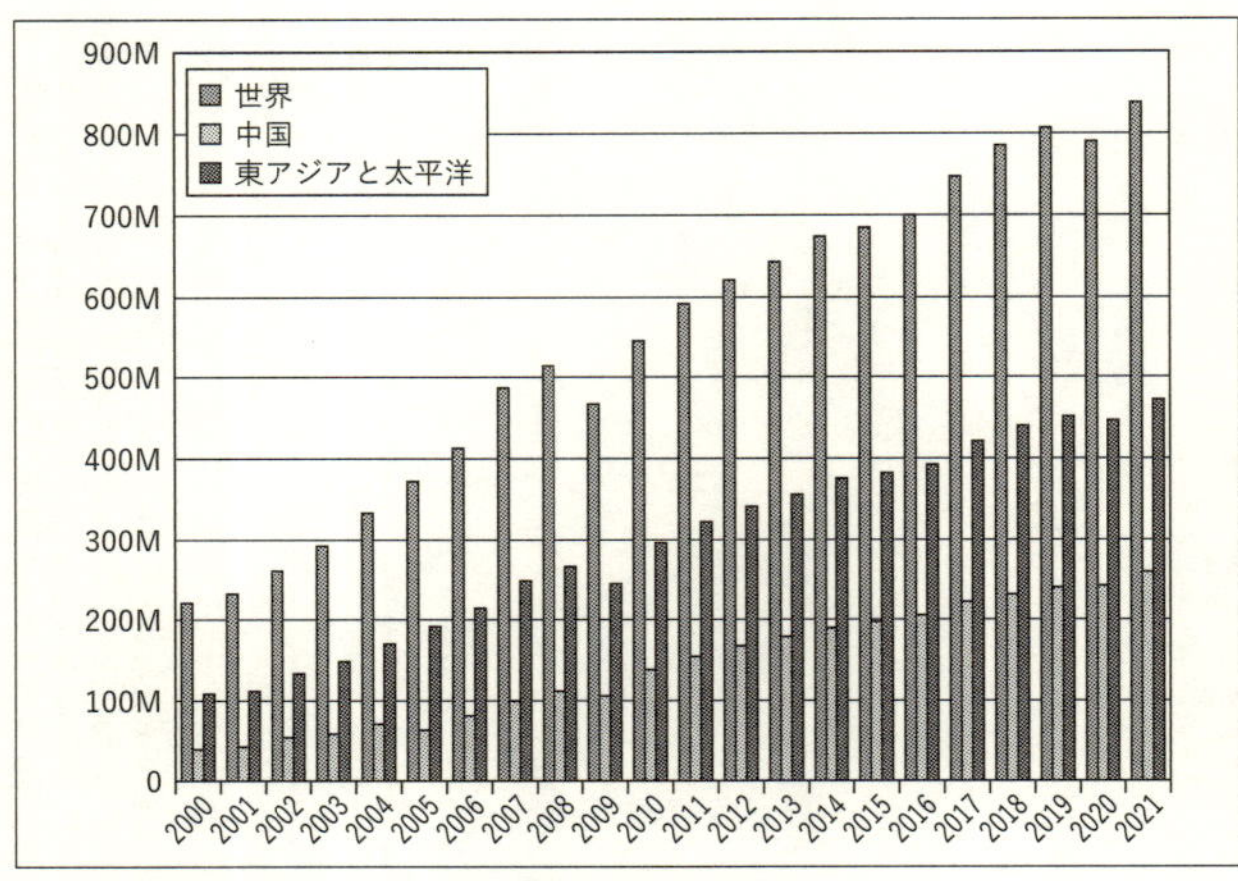

5-2　2000年以降のコンテナ船の輸送量の増加

出典：https://note.com/zenschool/n/n26de3041bc9dをもとに作成。

していえば、防腐技術が発展したことで、いっそう流通量が増えました。

20世紀以降、とくに1956年にコンテナが発明されてからは、貨物輸送量は大きく増加していきます。5-2は、2000年以降のコンテナ輸送の増加を示したものですが、世界各地の商品が、文字通り世界中に輸送されることになったことを物語っています。

食品の長期保存という新課題

乾燥させた棒鱈（ぼうだら）、燻製（くんせい）の鮭、塩蔵（えんぞう）肉といった保存食は、イギリス産業革命の頃にはすでに存在していました。ただし、新鮮な食材を使った料理と比べると、その味わいは決して満足がいく水準ではなかったようです。

美味しい料理とするには、保存食にも生鮮品に匹敵するほどの鮮度が必要でした。しかし遠隔地から輸送されてくる食品の保存法というと、やはり乾燥、燻製、塩蔵くらいしか方法がない時代が長く続いたのです。

そこで誕生したのが、食品を瓶に詰めて密閉するという方法です。すなわち「瓶詰」ですが、これは1804年にフランスの料理人ニコラ・アペールによって発明されました。ナポレオンの軍隊のために、長期間保存可能な食品を提供しようと考えたのです。食品をガラス瓶に密封し、それを加熱することで保存性を高めました。

1810年になると、イギリスのピーター・デュランドが、金属製容器に食品を入れる「缶詰」を発明し、軍用食に用いられるようになりました。このデュランドの缶詰が、こんにちまで続く缶詰の直接の起源といっていいでしょう。

しかしガラス瓶を使用した本格的かつ商業的な食品保存方法としては、アメリカの発明家ジョン・L・メイソンが、気密性のあるネジ蓋がついた保存用ガラス瓶を発明し、食材の長期保存に用いる容器として1858年には特許取得したメイソン瓶（Mason jar）のほうが重要です。こんにちまで続く瓶詰の直接の起源は、このメイソン瓶といっていいでしょう。

これらの保存容器の発明により、食品の長期保存が可能となったばかりか、食品の安全性と利便性も飛躍的に向上しました。というのも、瓶詰でも缶詰でも、高温殺菌と真空密封の原理を用いていたからです。

冷凍保存技術の確立

ここまで食品の長期保存法について読んできて、「冷凍保存」が思い浮かんでいる人も多いかもしれません。すぐに冷凍してしまえば、たしかに食品をかぎりなく新鮮な状態で保存できますが、この保存法の確立・普及は、次に述べられているように比較的新しい出来事でした。瓶詰や缶詰の誕生よりも、ずっと後のことなのです。

氷点下の環境に放置すれば勝手に凍るという意味では、冷凍保存の起源は、氷河時代にまで遡っても不思議ではありません。あくまで想像ですが、北欧のヴァイキングなどは、場所によっては魚が勝手に凍ってくれたものを利用していたかもしれません。いわば天然の冷凍食品です。

ここでは、もちろん、そういうものではなく、人工的に食品を冷凍する技術がどのようにして確立され、人々の生活に浸透していったのかを見ていきます。

19世紀、冷凍技術の需要は大きく高まりました。人工的な「冷凍食品」の発明者は、フランス人のC・テリエ（1828〜1913）だったと思われます。実際、1876年、テリエは冷凍した牛肉をアルゼンチン－フランス間で輸送することに成功しています。

冷凍装置の原理は、現在の家庭用クーラーとほぼ同じです。

蒸発した冷媒（冷凍機やエアコンディショナーなどの冷却システムで使用される化学物質）の気体を圧縮機で液化し、まだ熱い冷媒を凝縮器に送り、そこで冷まします。冷えた液体はいったん受液器に蓄えられ、ここから微小な管（膨張弁）を通ることで圧力の下がった冷媒液となって蒸発器に移動します。

蒸発器では冷媒が気化し、周囲の気温を下げます。マイナス18度以下で保存されると、炭水化物、脂肪、たん白質などの化学変化の速度はきわめて遅く、微生物の繁殖も起こらないのです。

19世紀後半には、製氷を目的とした冷凍装置が開発されました。すなわち、人工の氷が出現したのです。

それまでは、わずかな天然氷を利用していたため、冷却できる量はかなりかぎられていたうえ、十分に冷やした状態での長距離・長時間の搬送はほぼ不可能でした。そこへ登場した人工の氷により、冷蔵保存できる食材の量は増大し、供給可能範囲も劇的に広がったのです。

ちなみに、アメリカでは、氷で冷やす冷蔵庫（しばしば「アイスボックス」と呼ばれる）が、19世紀後半から20世紀初頭にかけて一般に使われていました。

アイスボックスは、内部に設置した大きな氷の塊で食品を冷蔵するというものでしたが、1920年代から1930年代にかけて電動冷蔵庫が普及しはじめると、徐々に使用されなくなっていきました。

冷凍食品に話を戻しましょう。

19世紀末になると、食肉、魚肉、甲殻類の凍結にも成功しました。20世紀に入り1924年には、クラレンス・バーズアイが最初の冷凍食品会社、ゼネラル・シーフーズ・カンパニーを創設します。1927年、彼は160万ポンドのシーフードを冷却しました。

さらに1929年、バーズアイは、食材をあらかじめ熱処理するブランチング技術を開発し、肉、魚、ベリー類、エンドウ豆、ホウレンソウなど27種類の食品を冷凍保存することに成功しました。

そして、ここまで技術的に成功した同社（1929年にゼネラルフーヅ・コーポレーションに統合）は、「フロスト・フード」と呼ばれるまったく新しい製品を紹介する大々的な広告を、冷凍食品を敬遠する国々に向けて打ち出すのです。20世紀初め、冷凍食品は、こうして世界の注目するところとなりました。

といっても、冷凍食品を多くの人々が消費できるようになったのは、第二次世界大戦後のことでした。それから10年もたたないうちに、冷凍食品はアメリカで500億ドル、世界で3000億ドルもの巨大産業へと成長します。

この冷凍食品産業の急成長の背景には、電気の利用により冷凍機械がより効率的で使いやすくなったこと、また、1940年代から1950年代にかけて、アメリカで大型のスーパーマーケットが急増したことがあります。

冷蔵・冷凍技術の進歩とスーパーマーケットの急増にともない、1950年代までに、冷凍食品はアメリカ人の食生活に欠くことができないものとなっていました。食材を冷凍庫から取り出して調理するという、現在なら当たり前の行為が人々の生活に浸透したのです。

日本初の冷凍食品をつくった企業

ここで、日本の冷凍食品についても見ていきましょう。

日本で最初に冷凍食品がつくられたのは1920年のことでした。葛原商会（現ニチレイフーズ森工場）が、1日の凍結能力10トンの冷蔵庫を北海道森町に建設したのです。当初、同社は魚を冷凍していました。1923年の関東大震災に際しては、同社の冷凍魚が東京芝浦の倉庫から搬入され、被災者の食料となりました。

その後の日本における冷凍食品の歴史は、ざっと次の通りです。

1930年になると、戸畑冷蔵（現日本水産）が「冷凍いちご」の特許を得て、1932年、イチゴ・シャーベーを生産販売しました。これは、現在の形態に近い家庭用パックの先駆的商品です。十五年戦争期（1931～1945）には、冷凍食品は陸・海軍の軍需物資として利用されるようになり、一般への製品供給は途絶えてしまいます。

戦後になって、ようやく冷凍食品が復活します。それは、1948年に日本冷蔵（現ニチレイ）が東京の日本橋の白木屋デパートで試売した食肉の調理冷凍食品でした。冷凍食品の技術を発展させる大きな契機となったのは、1964年の東京オリンピックでした。多様で大量の需要に応えるために、選手村で提供される食品として冷凍食品が採用されました。

1955年頃から高度経済成長がはじまりました。そして、テレビ、洗濯機ともに三種の神器として急速に普及したのが電気冷蔵庫でした。それまで主流だったのは氷で冷やす冷蔵庫でした。

日本で電気冷蔵庫の普及率が50パーセントを超えたのは１９６５年のことであり、90パーセントを超えたのは１９７１年のことでした。スーパーマーケットが大きく成長し、冷凍食品売場も拡大し、家庭用商品が急速に浸透しはじめたのです。

１９６９年には（社）日本冷凍食品協会が設立され、日本の冷凍食品生産量が10万トンを超えました。

電気冷蔵庫とともに、冷凍食品の普及に貢献したのは、電子レンジでした。電子レンジの普及率は、１９７９年に30パーセントになり、１９８７年には50パーセントを超えました。それは、電子レンジで簡単に解凍調理できる冷凍食品の開発とともに生じ、冷凍食品の最大の特徴である簡単・便利な調理に拍車がかかることになりました。１９７９年には、冷凍食品生産量が50万トンを超えました。

そして平成・令和の日本の冷凍食品事情について、独立行政法人農畜産業振興機構のサイトには次のようにまとめられています。

［令和］2年は、国内生産量がコロナ禍で減少したが、10年前との対比では、数量は10・8％の増加、金額では11・8％の増加と伸長している。また、国民1人当たりの冷凍食品の消費量は、平成2年に10キログラムを超え、昨年は22・6キログラムであった。この数値は10年前と比べると3・4キログラムの増加となっており、フランス、イタリアなどを上回ったが、米国、イギリスなどと比べると、まだ6割程度であり、今後も拡大が期待されている。

冷凍食品が増加することによって、日本の家庭内の料理は大きく変わりました（むろんそれは、他の先進諸国にもあてはまります）。単純にいうと、食材を切ったり煮炊きしたりする手間をかけずとも、スーパーマーケットで買ってきたレトルト商品を電子レンジで「チーン」とするだけで、食事ができるのです。もはや台所で一番必要のないものは、包丁とガスコンロなのかもしれません。

もう一つの食卓革命

近現代の社会で急速に進んだ大量生産・大量消費は、このように食品も例外ではありません。工場で同じ食べ物を大量生産する際には、一貫した品質と味を保つことが重要です。そこで重要な役割を果たしているのが、うま味調味料です。

うま味調味料は、主にグルタミン酸（グルタミン酸ナトリウム＝ＭＳＧの形で食品添加物としても広く使用）、イノシン酸（ギアニル酸などの成分を含んでいる。食品の自然なうま味成分を強化し、食品全体の味のバランスを良くする）、グアニル酸（リボ核酸＝ＲＮＡの構成成分である核酸の一種であり、自然界では、乾燥したしいたけや干し魚、酵母エキスなどに豊富に含まれている）などを含んでいます。

うま味調味料の開発は、１９０８年、化学者の池田菊苗（いけだきくなえ）が、昆布だしのうま味成分がグルタミン酸であることを発見したことからはじまりました。翌１９０９年には、味の素の創設者の鈴木三郎助（すずきさぶろうすけ）がうま味調味料、その名も「味の素」を製品化します。

ここで、うま味調味料は人体に有害なのか無害なのか気になっている人もいるかもしれませんが、基本的に無害といえます。それに無添加だからといって安全とは限りません。むしろ、天然の食品のほうが、リスクは大きい場合もあるといいます。

たとえば、海藻に由来するアルギン酸ナトリウムは、多量に摂取すると消化器系に影響をおよぼすことがあります。また、食品や飲料に使われるカラメル色素には発がん性があるとされています。

『月刊　栄養と料理』２０２０年3月号によると、たしかに、これまで何度かは食品添加物による健康被害は起きています。しかし１９７０年代以降、食品添加物による健康被害事件はほぼ生じていません。

食品添加物に関しては、公的機関によってリスク評価がなされています。大量に摂取するのは問題かもしれませんが、ガイドラインに即した使用量なら危険ではないのです。

味の素株式会社のＨＰ内の『うま味調味料「味の素®」に関するご質問』というページにも、次のようなＱ＆Ａが掲載されています（２０２４年4月18日 最終閲覧）。

Ｑ．安全性
「味の素®」「うま味だし・ハイミー®」を長年使用して身体に害はありますか。

Ａ．体に害をあたえる心配はありません。
「味の素®」「うま味だし・ハイミー®」は体に入るとグルタミン酸、イノシン酸、グアニル酸、ナトリウムとに分かれます。これらは、昆布やかつお節、干ししいたけなどいろいろな食品に含まれている成分と同じもので、他の食品と同じように体内で代謝され、体に蓄積されることはございません。

Q. うま味調味料とは何ですか。

A. うま味調味料「味の素®」や「うま味だし・ハイミー®」など、「料理のうま味（こんぶのうま味、かつお節のうま味、しいたけのうま味など）を増す調味料」（日本標準商品分類記載）です。料理にうま味を与えると同時に、素材の持ち味を引き立て、全体の味を調和させる働きがあります。

ここでも示されているように、おそらく一般に思われているほどには、食品添加物もうま味調味料も危険なものではありません。きちんとした科学的基準に従って検査をして安全だとされている食品添加物・うま味調味料に関しては、基準値内の使い方をする限り安全ということになります。

また、東京都保健医療局のＨＰには、「うま味調味料は、グルタミン酸ナトリウムなどを主成分とする食品添加物であり、その安全性は確認されています。料理の味付けなど、通常の使用であれば、健康への影響を心配する必要はありません」と書かれています。

うま味調味料によって、料理の味が、平均してよくなっていることは事実でしょう。食品添加物であれ、うま味調味料であれ、食品の保存や味の調和という点にかんがみれば、現在では不可欠のものといえます。

うま味調味料と人類の存続

同じスーパーマーケットで買った同じ名称の商品に相違があったなら、消費者は安心して購入することができません。うま味調味料を使用して加工食品の味を統一するのは、大量生産される食品においては、個体によって味の違いがあると困るからです。

インスタントラーメンや冷凍食品、加工されたスナックなどが、どのパッケージを開けてもほぼ同じ味わいがえられるようになっているのは、同種・同量のうま味調味料が使用されているおかげなのです。

そもそも食品は、ありのままでは長期保存、長距離輸送に向かず、大量生産にも適さないものです。たとえば、たいていの作物は一定期間しか収穫できません。収穫したものを放っておいたら、腐ります。遠く離れた場所への輸送や長期にわたる保存をしようと思ったら、新鮮なうちに冷凍する、あるいは添加物を使って保存期間を延ばすしかありません。

作物だけでなく、肉や魚なども同じです。すべての有機物は、自然の姿のまま放っておけば悪くなります。それを大量生産に向けて長期保存、長距離移動に耐えうるようにするためには、何かしら、人工的な手を加える必要があるわけです。

世界の人口は、現在、80億人にも上ります。それほど多くの人間が一定水準の生活を享受するためには、食品の大量生産、大量の流通が欠かせません。つまり人類の存続のために、食べ物の味を均一に調えるうま味調味料も、保存期間を長くする食品添加物も不可欠といえるのです。

長期的に見れば、化学的につくられるうま味調味料と食品添加物は、化学製品の生産が実現した第二次産業革命の一つの帰結です。さらに時代を遡れば、その歴史は大航海時代以来、脈々と続いてきた「人類と調味料の歴史」の延長線上にあり、19世紀末に蒸気船の使用増によって実現した世界的な商品の輸送にも支えられているといえるのです。

そして世界の味は一つになった

第二次産業革命の最大の特徴は、化学産業の発展です。

第一次産業革命が植物繊維の一つである綿織物の生産からはじまったのに対し、第二次産業革命の特徴は、化学繊維の発展でした。具体的には、ナイロン、ポリエステル、アクリル、レーヨンなどです。

ヨーロッパにおいて、綿織物以前の重要な織物は毛織物でした。毛織物の繊維は羊毛、つまり動物性繊維であり、生産性は決して高くありません。一方、植物性繊維である綿の生産性は羊毛の12倍にも上りました。

その綿の生産性をも、はるかに凌ぐものが化学繊維でした。現在の私たちの生活は、化学繊維なくしては考えられません。第二次産業革命は、化学繊維に代表される化学産業の発展を通じて、私たちの生活水準を大きく引き上げたのです。

また、現在、地球上で80億人以上もの人々が生存できているのは、大航海時代以降、着々と発展してきた航海技術に支えられ、世界中の海を絶えず航海している多くの大型船舶が、さまざまな地域の商品をさまざまな地域に輸送しているからです。

そして現在、スーパーマーケットで売られている冷凍食品には、まさしく世界の歴史の一つの帰結といえるうま味調味料と食品添加物が使用されています。だからこそ私たちは、誰もが、同じ味がする食品を購入することができるようになりました。

思い返せば、ヨーロッパ人は、ある時期は国際商人の仲介をえて、またある時期は自ら足を延ばし、はるか遠い未知なる世界に新しい味を求めてきました。そこで生じてきた数々の諍(いさか)い、数々の融和、数々の革新、数々の受難、その末に、今、世界の味は、どこでも同じ食品が味わえるという意味で、一つになったのです。

おわりに　諸島から見た世界史

私たちが忘れてしまったもの

すでに序章で、人類は、おおよそ7～5万年前に、生まれ故郷であるアフリカの地を離れ、世界中に散らばったということを述べました。本来、人類とは一つの種、一つの人種なのです。しかし世界に散らばった人類は、そのことを忘れてしまいました。それは、現代社会の大きな問題点の一つだといえるでしょう。

すなわち、私たちはアフリカを起源とする同胞であるにもかかわらず、その事実に目を向けてはいないのです。

出アフリカは、人類が経験した最初にして最大のグローバリゼーションでした。アフリカがなければ、その後の人類の歴史もありません。

出アフリカでは、人類は、主に徒歩で世界中に移動しました。それは、人類が二足歩行をするようになり、長距離を移動することができたからです。ですがもちろん、舟も発明しました。そのため、いくつもの島々に人類は棲み着くことができたのです。

　このとき、人類と諸島との関係がはじまりました。

海を隔てた「帝国」の形成

古代において、ヨーロッパ人は香辛料を主としてインドから輸入していました。ローマ人は東南アジアのことも知っていましたが、そのほとんどは伝聞によるものであり、ローマから遠く離れた土地では、奇人変人や食人種が住んでいると信じていました。

　ヨーロッパ人は、香辛料を東南アジアから輸入していました。中世になると、その量は大きく増えます。しかしそのルートを見ると、ほとんどをムスリム商人が輸送しており、イタリア商人は、ヨーロッパ内部で香辛料を流通させていたにすぎません。

　その様子は、大航海時代になると大きく変化しました。

　ポルトガル人は、ケープルートを使用し、直接東南アジアまで出かけ、香辛料を自国船で輸送するようになるのです。しかも、ヨーロッパから遠く離れた土地に植民地をもつようになります。

それは、母国を中心として領土を拡大するというそれまでの帝国のあり方とは、まったく異なるものです。そのためヨーロッパは、東南アジア、とりわけモルッカ諸島との関係を強めることになります。ヨーロッパの帝国は、海運業を中心として遠隔地の商品を輸送する帝国になりました。

この点で、海を隔てた地域に属州をもつといっても、地中海やイギリスしか領土にしなかったローマ帝国、さらにはユーラシア大陸にまたがる帝国を築いたけれども遠隔地に植民地を有しなかったモンゴル帝国とヨーロッパの諸帝国は、根本的に違っているのです。近世ヨーロッパ以前の帝国とは、基本的に地続きでした。私たちは、近世以降のヨーロッパの帝国の特異性に、もっと目を向けるべきなのです。

付け加えるなら、戦国時代末から江戸時代初頭にかけ、日本はたしかに一種の「帝国」を形成しましたが、その影響力はせいぜい中国や東南アジアまでに限定されており、ヨーロッパの帝国とはかなり異なるものでしかなかったのです。また、ヨーロッパほどの海運業の発展はありませんでした。

近世になると、ヨーロッパ人は香辛料を以前よりも大量に食すことができました。18世紀になると、砂糖がヨーロッパに大量に流入するようになり、生活水準が上昇しました。ヨーロッパで一番儲かる産業は砂糖産業になり、ヨーロッパの産業は、それを中心に機能するようになりました。

いくつものヨーロッパ諸国が、新世界に植民地を築きます。新世界は砂糖の王国となりました。新世界における砂糖の生産によりヨーロッパ諸国は巨額の利益を獲得しましたが、いうまでもなくそれは現地の先住民や黒人奴隷の利益にはつながらず、新世界はヨーロッパ人によって収奪される地域になりました。

19世紀になるとヨーロッパ人による収奪の対象はアジアにまで広がりますが、その原形をつくったのは、新世界での砂糖の生産だったのです。

ヨーロッパ人は、東南アジア諸島から、カリブ海諸島へと目を転じます。黒人奴隷がプランテーションで労働するようになり、生産システムは急激に大規模化しました。香辛料生産に使用されたのとは比較できないほどの奴隷が使用されるようになったのです。

奴隷による砂糖生産のため、また、現在に至るも、人類史上最大規模の人口移動がもたらされることになったのです。

世界中に航海したヨーロッパ人は、プリニウスの時代とは違って直接さまざまな人々に出会ったため、特異な姿をした人々がいるとは思わなくなりました。

第二次産業革命が形成した現代社会

20世紀四半期以降の私たちの生活水準に食品が貢献しているのなら、ともすれば悪くいわれがちな食品添加物とうま味調味料がその一端を担ったといえるように思われます。それは、19世紀末からはじまった第二次産業革命の影響が、今なお大きいことを示しているということなのです。

第二次産業革命の特徴として、化学産業の発達があります。それは、自然界には存在しないものを人工的に生み出すという点で、第一次産業革命とは決定的に違っています。

現在の私たちは、衣類が大量生産され、同じ衣類なら寸分違わぬ染色がなされていることが当たり前だと思っています。しかし、人間の手による染色であった時代、また、第一次産業革命の時代においてさえ、染料は植物や昆虫からとられたものなので、まったく同じ染色は難しかったのです。

工場で製造される染料が工場で染色されるからこそ、同一の染色がほどこされた繊維製品を大量に生産することができるのです。

うま味調味料であれ添加物であれ、第二次産業革命によって大きく発展した化学工業の技術の産物であり、この点で私たちの世界は第二次産業革命の産物だといえるでしょう。マクドナルドなどに代表される外食産業のチェーン店化が進められたのも、化学産業が発展したおかげだといえます。

また第二次産業革命が発生した19世紀末から、蒸気船の発展によって世界中の食品が世界中に輸送されるようになりました。現在では、世界の至るところで別の地域の特産物を食すことができます。そのため私たちの生活水準は、大きく上昇したのです。

故郷は地球

もはやヨーロッパ人にとって、アジア人は、そして世界の人々は、他者とはいえなくなりました。他の地域の人々にとっても、世界の人々は、理念のみならず現実的にも、他者ではなく、同胞になったのです。

ですが、そもそも私たちはアフリカを故郷とする同胞なのです。

現在では、世界中の食べ物が世界中で食べられます。それを可能にしたのは、輸送手段の発展と食品の保存方法の進歩でした。ヨーロッパにも、たくさんのアジアの食品が輸出され、アジア料理のレストランがあります。

ヨーロッパ人は、アジアをヨーロッパの外にあるものではなく、内なるものとして認識しなければならないのです。実際、世界全体で移民が増え、アジアからもヨーロッパにたくさんの人々が移住しています。

モノが動きやすいとヒトも移動しやすくなります。かつてない商品の移動の時代は、かつてない規模とスピードで人間が移動することを意味します。

現在生じているグローバリゼーションとは、超長期的な視点からは、遠い昔にアフリカという一つの地域に住んでいた人類が、地球という小さな惑星で一体化しているということだと言い換えることもできるでしょう。

ヨーロッパにとってアジアは、「外のもの」ではなく「内なるもの」へと変化しました。それにとどまらず世界のすべてが「内なるもの」へと変化する。そういう時代に突入しているということなのでしょう。いや、そうでなければならないのではないでしょうか。世界で移民が増えている現在、そういう意識が世界中で広まらないかぎり、私たちは平和には生きられないのです。

現在では世界中でいろいろな料理があり、その味は、世界各地で楽しむことができます。それは、アフリカを故郷とする人類が地球全体に広がり、地球そのものを故郷とする種へと変貌することで実現したはずなのです。私たちは、本当は、それを実感すべき時代に突入したのです。

主要参考文献

外国語文献

Aslanian, Sebouh, *From the Indian Ocean to the Mediterranean: The Global Trade Networks of Armenian Merchants from New Julfa,* Berkeley, University of California Press, 2014.

Davis, Ralph, "English Foreign Trade, 1660-1700", *The Economic History Review,* New Series, 7 (2), 1954.

Davis, Ralph, "English Foreign Trade, 1700-1774", *The Economic History Review,* New Series, 15 (2), 1962.

Davis, Ralph, *The Rise of the English Shipping Industry in the 17th and 18th Centuries,* Pynes Hill, David & Charles, 1962.

De Vries, Jan, "The Industrial Revolution and the Industrious Revolution", *The Journal of Economic History,* 54 (2), 1994.

Denzel, Markus "The Peso or the Marsilie: The Standard Currency Unit of the Armenian New Julfa Merchants?", in V. Hyden-Hanscho and W. Stangl eds., *Formative Modernities in the Early Modern Atlantic and Beyond, Palgrave Studies in Comparative Global History,* Palgrave Macmillan, Singapore, 2023.

Dermigny, Louis, *La Chine et l'Occident : le commerce à Canton au XVIIIe siècle: 1719–1833,* T. 2. Paris, S.E.V.P.E.N., 1964.

Flynn, Dennis O., and Giráldez, Arturo, "Born with a 'Silver Spoon: The Origin of World Trade in 1571",

The Journal of World History, 6 (2), 1995.

Freedman, Paul, *Out of the East: Spices and the Medieval Imagination,* New Haven, Yale University, 2008.

Gilboa, Ayelet and Namdar, Dvory, "On the beginnings of South Asian Spice Trade with the Mediterranean Region: A review", *Radiocarbon,* 57 (2), 2015.

Hammer, K., Gebauer J., Al Khanjari, S. and Buerkert, A., "Oman at the Cross-roads of Inter-regional Exchange of Cultivated Plants", *Genetic Resources and Crop Evolution,* 56 (4), 2008.

Hancock, James F., *Spices, Scents and Silk: Catalysts of World Trade,* Wallingford, CABI Publishing, 2021.

Hancock, James F., "Global Trade in the 13th Century", World History Encyclopedia, 2022.（https://www.worldhistory.org/article/1998/global-trade-in-the-13th-century/：２０２４年５月13日 最終閲覧）

Kaukiainen, Yrjö "Shrinking the World: Improvements in the Speed of Information Transmission, c. 1820–1870", *European Review of Economic History,* 5 (1), 2001.

Lane, Frederic Chapin,"Venetian Shipping during the Commercial Revolution", *The American Historical Review,* 38 (2), 1933.

O, Rourke, Kevin H. and Williamson, Jeffrey G., *Globalization and History: The Evolution of a Nineteenth-Century Atlantic Economy,* Cambridge, Mass, MIT Press, 2001.

Reid, Anthony, "An 'Age of Commerce' in Southeast Asian History", *Modern Asian Studies,* 24 (1), 1990.

Schwartz, Stuart B. ed., *Tropical Babylons: Sugar and the Making of the Atlantic World, 1450-1680,* Chapel Hill, The University of North Carolina Press, 2004.

Topik, Steven, Marichal, Carlos and Frank Zephyr eds., *From Silver to Cocaine: Latin American*

Commodity Chains and the Building of the World Economy, 1500-2000, Durham, N.C., Duke University Press, 2006.

Trentmann, Frank, *Empire of Things: How We Became a World of Consumers, from the Fifteenth Century to the Twenty-First*, London, Penguin Books, 2016.

Wade, Geoff, "An Early Age of Commerce in Southeast Asia, 900-1300 CE", *Journal of Southeast Asian Studies*, 40 (2), 2009.

Wake, C. H. H., "The Changing Pattern of Europe's Pepper and Spice Imports, ca 1400-1700", *The Journal of European Economic History*, 8 (2), 1979.

Zalloua, Pierre A. et al., "Identifying Genetic Traces of Historical Expansions: Phoenician Footprints in the Mediterranean", *American Journal of Human Genetics*, 83 (5), 2008.

日本語文献

アタリ、ジャック『食の歴史――人類はこれまで何を食べてきたのか』林昌弘訳、プレジデント社、２０２０年。

石井美樹子『中世の食卓から』ちくま文庫、１９９７年。

石井米雄「港市としてのマラッカ」『東南アジア史学会会報』53、１９９０年。

井上文則「古代西部ユーラシア史の構想」『フェネストラ：京大西洋史学報』7、２０２３年。

岩生成一『南洋日本町の研究』岩波書店、１９６６年。

岩生成一『続 南洋日本町の研究 南洋島嶼地域分散日本人移民の生活と活動』岩波書店、１９８７年。

岩生成一『日本の歴史14　鎖国』中公文庫、2005年。

岩生成一『新版　朱印船貿易史の研究』吉川弘文館、2013年。

ウェーバー、マックス『プロテスタンティズムの倫理と資本主義の精神』中山元訳、日経BPクラシックス、2010年。

ウォーラーステイン、イマニュエル『史的システムとしての資本主義』川北稔訳、岩波文庫、2022年。

ウォーラーステイン、イマニュエル『近代世界システム』I-IV、川北稔訳、名古屋大学出版会、2013年。

ヴォルテール『カンディード』斉藤悦則訳、光文社古典新訳文庫、2015年。

エルティス、デイヴィッド／リチャードソン、デイヴィッド『環大西洋奴隷貿易歴史地図』増井志津代訳、東洋書林、2012年。

カパッティ、アルベルト／モンタナーリ、マッシモ『食のイタリア文化史』柴野均訳、岩波書店、2011年。

川北稔『工業化の歴史的前提――帝国とジェントルマン』岩波書店、1983年。

川北稔『砂糖の世界史』岩波ジュニア新書、1996年。

黒嶋敏『琉球王国と戦国大名』吉川弘文館、2016年。

ギュイヨ、リュシアン『香辛料の世界史』池崎一郎、平山弓月、八木尚子訳、白水社、1987年。

佐藤洋一郎『食の人類史――ユーラシアの狩猟・採集、農耕、遊牧』中公新書、2016年。

新谷隆史『「食」が動かした人類250万年史』PHP新書、2023年。

スウィフト、ジョナサン『ガリヴァー旅行記』平井正穂訳、岩波文庫、１９８０年。

ストラボン『ギリシア・ローマ世界地誌』飯尾都人訳、龍溪書舎、１９９４年。

ゾンバルト、ヴェルナー『恋愛と贅沢と資本主義』金森誠也訳、講談社学術文庫、２０００年。

玉木俊明『北方ヨーロッパの商業と経済――１５５０～１８１５年』知泉書館、２００８年。

玉木俊明『海洋帝国興隆史――ヨーロッパ・海・近代世界システム』講談社選書メチエ、２０１４年。

玉木俊明『ヨーロッパ覇権史』ちくま新書、２０１５年。

玉木俊明『〈情報〉帝国の興亡――ソフトパワーの五〇〇年史』講談社現代新書、２０１６年。

玉木俊明『拡大するヨーロッパ世界――１４１５-１９１４』知泉書館、２０１８年。

玉木俊明『逆転の世界史――覇権争奪の５０００年』日本経済新聞出版、２０１８年。

玉木俊明『16世紀「世界史」のはじまり』文春新書、２０２１年。

玉木俊明『迫害された移民の経済史――ヨーロッパ覇権、影の主役』河出書房新社、２０２２年。

玉木俊明『手数料と物流の経済全史』東洋経済新報社、２０２２年。

丹下和彦『ご馳走帖――古代ギリシア・ローマの食文化』未知谷、２０２３年。

長南実訳『マゼラン　最初の世界一周航海――ピガフェッタ「最初の世界周航」・トランシルヴァーノ「モルッカ諸島遠征調書」』岩波文庫、２０１１年。

ツァラ、フレッド『スパイスの歴史』竹田円訳、原書房、２０１４年。

角山栄『茶の世界史』中公新書、１９８０年。

角山栄・村岡健次・川北稔『生活の世界歴史〈10〉産業革命と民衆』河出文庫、１９９２年。

ディオスコリデス『薬物誌』岸本良彦訳、八坂書房、２０２２年。

デフォー、ダニエル『ロビンソン・クルーソー』唐戸信嘉訳、光文社古典新訳文庫、２０１８年。

ド・フリース、ヤン『勤勉革命――資本主義を生んだ17世紀の消費行動』吉田敦、東風谷太一訳、筑摩書房、２０２１年。

パナイー、パニコス『フィッシュ・アンド・チップスの歴史――英国の食と移民』栢木清吾訳、創元社、２０２０年。

羽田正『興亡の世界史 東インド会社とアジアの海』講談社学術文庫、２０１７年。

速水融『近世日本の経済社会』麗澤大学出版会、２００３年。

樋脇博敏『古代ローマの生活』角川ソフィア文庫、２０１５年。

平川新『戦国日本と大航海時代――秀吉・家康・政宗の外交戦略』中公新書、２０１８年。

ピレンヌ、アンリ『ヨーロッパ世界の誕生――マホメットとシャルルマーニュ』増田四郎監修、中村宏、佐々木克己訳、講談社学術文庫、２０２０年。

ファヴィエ、ジャン『金と香辛料――中世における実業家の誕生』内田日出海訳、春秋社、２０２２年。

フランドラン、J－L、モンタナーリ・M編『食の歴史』I－III、菊地祥子他訳、藤原書店、２００６年。

プリニウス『プリニウスの博物誌』中野定雄、中野里美、中野美代訳、雄山閣、２０２１年。

フリードマン、ポール『世界 食事の歴史』南直人、山辺規子監訳、東洋書林、２００９年。

ピレス、トメ『東方諸国記』生田滋、池上岑夫、加藤栄一、長岡新治郎訳、岩波書店、１９６６年。

ヘッドリク、D・R『インヴィジブル・ウェポン――電信と情報の世界史１８５１－１９４５』横井勝彦、渡辺昭一監訳、日本経済評論社、２０１３年。

ポメランツ、ケネス『大分岐――中国、ヨーロッパ、そして近代世界経済の形成』川北稔監訳、名古屋大学出版会、2015年。

ポーロ、マルコ『東方見聞録』全2巻、愛宕松男訳、平凡社ライブラリー、2016年。

松田武・秋田茂編著『ヘゲモニー国家と世界システム――20世紀をふりかえって』山川出版社、2002年。

ミュラー、レオス『近世スウェーデンの貿易と商人』玉木俊明、根本聡、入江幸二訳、嵯峨野書院、2006年。

ミンツ、シドニー『甘さと権力――砂糖が語る近代史』川北稔、和田光弘訳、ちくま学芸文庫、2021年。

村川堅太郎訳『エリュトゥラー海案内記 改版』中公文庫、2011年。

矢野信光「冷凍食品の歴史と展望」『調理科学』10(4)、1977年。

山田憲太郎『香料の道――鼻と舌 西東』中公新書、1977年。

山田憲太郎『スパイスの歴史――薬味から香辛料へ』法政大学出版局、2011年。

山本紀夫『コロンブスの不平等交換――作物・奴隷・疫病の世界史』角川選書、2017年。

山本紀夫『高地文明――「もう一つの四大文明」の発見』中公新書、2021年。

弓削達『生活の世界歴史〈4〉素顔のローマ人』河出文庫、1991年。

由良君美『メタフィクションと脱構築』文遊社、1995年。

ラークソ、セイヤ-リータ『情報の世界史――外国との事業情報の伝達 1815-1875』玉木俊明訳、知泉書館、2014年。

リンスホーテン『東方案内記』岩生成一、渋沢元則、中村孝志訳、岩波書店、1968年。

URL（2024年5月13日 最終閲覧）

https://www.worldhistory.org/article/1777/the-spice-trade--the-age-of-exploration/#google_vignette
https://eat-university.com/magazine/article_2041/
https://www.foodrepublic.com/1295892/worlds-first-frozen-foods-date-back-thousands-years/
https://msgdish.com/the-history-of-msg/
https://www.wired.com/2017/05/brrrr-secret-history-frozen-food/
https://allinnet.info/history/the-armenian-influence-on-parisian-cafe-culture/
https://www.hampionline.com
http://japanarmenia.com/ja/first-european-coffee-shops-established-armenians/
https://dcc.newberry.org/?p=14381
https://www.winnesota.com/news/frozenfood/
https://www.ajinomoto.co.jp/aji/qa/
https://kunichika-naika.com/information/hitori202006
http://seafoodpe.com/office/
https://www.hokeniryo.metro.tokyo.lg.jp/anzen/anzen/food_faq/shokuten/shokuten08.html
https://vegetable.alic.go.jp/yasaijoho/wadai/2112_wadai1.html
https://online.reishokukyo.or.jp/learn/naruhodo/detail/history.html#ath

あとがき

香辛料というテーマは、じつは私は長く避けてきたテーマだったのです。ヨーロッパのアジアへの発展は私にとって大切なテーマでしたが、いくつもの国の利害が入り交じり、簡単には研究できそうになかったからです。

そのような状況は、ＳＢ新書編集部の藤井翔太さんが「香辛料をテーマにした本を書いて欲しい」という趣旨のメールを私に送ってくださったために変わりました。これを機会に香辛料のことを書いてみようという気になったのです。

最近はよくグローバリゼーションという言葉が使用されます。ですが私は、人類史上最大のグローバリゼーションは出アフリカであり、最近のグローバリゼーションは、もともと同胞であった人類が世界中に散らばり、また頻繁に往来をするようになったこととしてとらえるべきだと思っています。

世界の気候区は多様であり、そのため多種の動植物が存在し、私たちはそれを交換することによって豊かになってきました。香辛料から砂糖へという諸島における生産物の転換も、その一部だと考えるべきでしょう。ヨーロッパは、香辛料や砂糖を輸入することで豊かになり、その輸送を自分たちの手でおこなうことで、世界を支配するようになったのです。

さらにうま味調味料は、動物や植物に依存していた人類の食事のあり方を根本的に変えました。第二次産業革命こそ、その変化を生み出した最大の要因であり、世界史の転換点は18世紀後半のイギリス産業革命ではなく、19世紀末のドイツやアメリカの産業革命に求められるという私の主張にも、十分な説得力があるのではないでしょうか。

世界史はこんなにも「味」と関係しており、私たちが美味しいものを食べられるようになった背景を読者の皆さんにご理解いただければ、大変な喜びです。

最後になりますが、本書の執筆にあたり、献身的にサポートしていただいた編集部の藤井さんに、心からお礼申し上げます。

２０２４年９月　大阪・中之島にて

玉木俊明

著者略歴

玉木俊明（たまき・としあき）

1964年、大阪市生まれ。同志社大学大学院文学研究科（文化史学専攻）博士後期課程単位取得退学。博士（文学）。専門は、近代ヨーロッパ経済史。現在、京都産業大学経済学部教授。著書に、『北方ヨーロッパの商業と経済』（知泉書館）、『近代ヨーロッパの誕生』『海洋帝国興隆史』（以上、講談社選書メチエ）、『近代ヨーロッパの形成』『歴史の見方』（以上、創元社）、『ヨーロッパ覇権史』『ヨーロッパ 繁栄の19世紀史』『金融化の世界史』（以上、ちくま新書）、『〈情報〉帝国の興亡』（講談社現代新書）、『ユーラシア大陸興亡史』（平凡社）などがある。

SB新書　671

味の世界史
香辛料から砂糖、うま味調味料まで

2024年11月15日　初版第1刷発行

著　者　玉木俊明
発行者　出井貴完
発行所　SBクリエイティブ株式会社
〒105-0001 東京都港区虎ノ門2-2-1
装　丁　杉山健太郎
本文デザイン DTP　株式会社ローヤル企画
図版作成　株式会社RUHIA
編集協力　福島結実子
校　正　有限会社あかえんぴつ
印刷・製本　中央精版印刷株式会社

本書をお読みになったご意見・ご感想を下記URL、
または左記QRコードよりお寄せください。
https://isbn2.sbcr.jp/26655/

ISBN 978-4-8156-2665-5